AS
MAIS RARAS
ESPÉCIES

Da autora:

Uma História Natural dos Sentidos

Uma História Natural do Amor

DIANE ACKERMAN

AS MAIS RARAS ESPÉCIES

ANIMAIS EM EXTINÇÃO, MUNDOS QUE O TEMPO ESQUECEU

Tradução
Fábio Fernandes

BERTRAND BRASIL

Tradução publicada mediante contrato com Random House, Inc.
Título original: *The Rarest of the Rare: Vanishing Animals, Timeless Worlds*

Alguns dos ensaios que compõem esta obra foram publicados, sob outras versões, em *Condé Nast Traveler*; *Life*; *National Geographic*; *The New Yorker* e *Parade*.

Os leitores interessados nos poemas escritos durante algumas das viagens aqui descritas podem recorrer a *Jaguar of Sweet Laughter: New and Selected Poems*, em que encontrarão uma coletânea de poemas amazônicos e um elaborado em French Frigate Shoals. O livro também é composto de poemas sobre a Antártida e outros locais mencionados em *The Moon by Whale Light*.

Capa: Silvana Mattievich

Editoração: DFL

2002
Impresso no Brasil
Printed in Brazil

Cip-Brasil. Catalogação-na-fonte
Sindicato Nacional dos Editores de Livros, RJ

A166m Ackerman, Diane, 1948-
As mais raras espécies: animais em extinção, mundos que o tempo esqueceu / Diane Ackerman; tradução de Fábio Fernandes. — Rio de Janeiro: Bertrand Brasil, 2002
240p.

Tradução de: The rarest of the rare: vanishing animals, timeless worlds
ISBN 85-286-0911-1

1. Espécies em extinção. 2. Animais raros. 3. Ecossistemas em extinção. I. Título.

CDD - 591.042
02-1541 CDU - 504.74.052

Todos os direitos reservados pela:
EDITORA BERTRAND BRASIL LTDA.
Rua Argentina, 171 – 1º andar – São Cristóvão
20921-380 – Rio de Janeiro – RJ
Tel.: (0xx21) 2585-2070 – Fax: (0xx21) 2585-2087

Atendemos pelo Reembolso Postal.

SUMÁRIO

INTRODUÇÃO

Neste nosso planeta natal, nas altas latitudes, próximo à costa leste do continente norte-americano, entre duas montanhas esculpidas por geleiras, à beira de um lago onde humanos se equilibram velozes sobre lâminas, sob céus cinzentos, enquanto flocos de gelo cobrem o chão com uma fina camada parecendo uma pele arrepiada, no sono hibernal de dezembro — cuja respiração dificultosa é familiar como a de um cônjuge ressonando a nosso lado — perto de um aeroporto municipal, onde mastodontes de aço aterrissam solenemente, mas gansos do Canadá circulam grasnando enlouquecidos em formação de flecha, entre ilhas de florestas urbanas habitadas por cervos de cauda branca, num beco sem saída ao final de uma alameda em forma de chave, nos fundos de uma modesta casa branca cujas janelas vão beber no céu —, aí é que se vai descobrir a pequena parte de um endereço: aquela inflexão nos eixos do planeta e de nossa mente que convencionamos chamar de inverno.

Apesar do frio, meu quintal acolhe uma imensidade de espécies. Em duas macieiras, frutas mumificadas pendem como sinos enferrujados. Embora eu não consiga ouvi-las nem sentir-lhes o cheiro, sei que para os cervos elas estão repletas de perfume. Um bordo japonês, do lado de fora da janela de meu estúdio, perdeu a maior parte de suas folhas. As poucas plantas sem vida, marrons e quebradiças, que ainda resistem, têm tão pouco peso, que não param de tremelicar ao vento. Na olaia retorcida, vagens secas chocalham com o vento. Cardeais, chapins e esquilos usam os galhos entrelaçados da olaia e do bordo como rodovia. Às vezes eles deslizam de um ramo coberto de gelo ou caem quando os ventos mudam bruscamente. Mas estão acostumados a me ver atrás das janelas, a uma distância segura. Analiso a direção e a força do vento, observando-os. Para se aquecerem, encaram o vento, para que sopre na mesma direção em que seus pêlos ou penas crescem. Hoje os cardeais estão estufados como chumaços de algodão doce e todos apontam para leste.

Embora raras vezes eu veja ratos e musaranhos pessoalmente, com freqüência os percebo pelos túneis que cavam debaixo da neve. Às vezes, um coelho ou uma marmota se perde de seu ninho. Os cinco guaxinins, embolados no tronco de um bordo semimorto no lado norte da casa, traçaram uma trilha atravessando meu gramado durante o verão inteiro, derrubaram as latas de lixo e deslizaram pelo teto. Sei exatamente onde fica a toca deles — num bolo feito de pedaços de madeira a uns 30 metros de altura — porque num dia de verão extremamente quente eles saíram bem devagar de seu ninho e se enrolaram nos galhos para se refrescar. Não sei bem onde as cobras foram passar o inverno. Em certos anos, na primavera, encontro-as acordando dentro de casa. Por isso, suspeito que tenham encontrado algum buraco aconchegante nas paredes ou perto do forno. Três morcegos marrons estão hibernando sob uma viga do telhado. Corvos do tamanho de berinjelas fazem as árvores se curvarem com seu peso. Outros pássaros visitam os comedouros, deixando pegadas hieroglíficas na neve. Sinto saudade dos sapos, insetos, aranhas e borboletas que se integram no tempo quente e combinam criar uma tapeçaria de inquietude e cor que se estende do chão até o céu. Sinto saudade das flores, cujos cheiros e cores vivas encharcam os sentidos.

Mas, mesmo no inverno, muitas formas de vida habitam este pequeno pedaço do mundo.

Numa estante do lado de minha mesa, pego um exemplar de um de meus livros favoritos, *The Home Planet*, uma deslumbrante coleção de fotografias da Terra tiradas do espaço; abro-o numa foto particularmente bela do Oceano Índico com um penacho de nuvens sobre ele: a Terra em seu tom mais profundo de azul marmóreo. Os oceanos que nos deram-luz sustentam vastos rebanhos de coisas vivas — para não falar do fitoplâncton, bem na base da cadeia alimentar, do qual depende grande parte da vida na Terra. Como podemos permitir que alguma coisa tão grande quanto um oceano morra? E, mesmo assim, os Grandes Lagos estão quase mortos. O Mediterrâneo encontra-se num estado terminal de agonia. Algumas baleias contêm níveis tão altos de veneno por causa de todos os poluentes jogados no oceano, que, muito embora sejam animais vivos, tecnicamente poderiam ser consideradas lixo tóxico.

Folheando distraída *The Home Planet*, detenho-me numa foto da Terra flutuando em torno do veludo negro do espaço. A África e a Europa estão visíveis sob as espirais de nuvens brancas, mas o azul é a cor predominante. Estampa uma foto da missão Apollo, que desvendou todo o mistério — como o planeta é pequeno na vasta amplidão do espaço, como seus ambientes são frágeis. Vista do espaço, a Terra não tem fronteiras nacionais, nenhuma zona militar, nenhuma cerca visível. Muito pelo contrário. Pode-se ver como as grandes tempestades, girando sobre um continente, podem afetar uma plantação de grãos a meio mundo de distância. Toda a atmosfera do planeta — todo o ar que respiramos, todo o céu no qual voamos, até mesmo a camada de ozônio — é visível como a mais tênue superfície. A foto nos lembra de forma eloqüente que a Terra é um organismo único. Para mim, o livro contém exemplos mnemônicos visuais do que sinto sobre a Natureza. A uma certa altura, qualquer um se pergunta: "Qual é o objetivo de minha vida?" Sentimos uma agradável e imensa sensação de liberdade quando conseguimos responder a essa questão. Uma pessoa dormindo pode ser despertada do sono pela simples beleza do amanhecer em mar aberto. Parte de meu trabalho, assim o entendo, é permitir que isso aconteça. Pessoas originalmente acomodadas, como eu o fui, precisam em algum momento se levantar e cumprir sua parte na vigília matinal, por amor ao planeta, mas também por elas próprias, para o enriquecimento de suas vidas. Dos desertos da Namíbia à cortante Cordilheira do Himalaia existem criaturas maravilhosas que habitam a Terra há muito mais tempo que nós, criaturas que não só são dignas de nosso respeito, como também podem nos ensinar coisas sobre nós mesmos.

Conheço pessoalmente algumas dessas vastidões selvagens, ao nível da areia, da orquídea, da mosca, do ser humano. Por isso, cada fotografia é um álbum, um palimpsesto, um quadro vivo: Torishima, a ilhota ao sul de Tóquio, o reduto final dos albatrozes de cauda curta; French Frigate Shoals, o último refúgio da foca-monja havaiana; Antártida, o lar de enormes rebanhos de animais. Enquanto admiro uma fotografia das ilhas do Havaí — poças de tinta num mar de cobre brilhante — lembro-me do som e do rugido da canção da baleia jubarte subindo e crescendo em minha direção enquanto nado. Por muitas eras, as baleias jubarte assistiram uma civilização sem cidades, uma espécie de cultura nômade. Elas vivem no oceano como numa enorme caverna azul. Transmitem uma tradição oral, ensinam umas às outras suas canções, abandonam versões antigas, usam rimas. As gravações que fizemos remontam somente a 1951; contudo, depois de mais de 40 anos, as baleias não retomaram suas canções originais dos anos 50. Imaginem as árias, as baladas e cantatas de outrora, enchendo os oceanos de música, e depois morrendo, para nunca mais serem ouvidas. Hoje, podemos visitar os acampamentos de umas poucas tribos remanescentes da Idade da Pedra e ouvir as histórias que eles contam, histórias maravilhosas e ricas em fantasia. Mas jamais saberemos todas as histórias perdidas do povo das cavernas. Pode-se dizer o mesmo das baleias jubarte.

Folheando o livro, banqueteio-me com hábitats distantes, estonteantes. A vida está presente em cada um deles, não importa quão distantes, áridos, quentes, salgados ou escuros. A fotografia da África me lembra os animais gigantes para sempre enjaulados no passado. Os grandes animais que associamos à África — elefantes, girafas, hipopótamos, avestruzes e outras espécies — são pálidos remanescentes das criaturas gigantescas que um dia lá viveram. O *indricotherium*, parente do hipopótamo, media cerca de seis metros de ombro a ombro e podia alcançar as copas das árvores. Uma pessoa em pé a seu lado mal teria alcançado seus joelhos. Havia mamutes maiores do que elefantes, castores do tamanho de ursos, alces enormes com galhadas do tamanho de telhados, cavalos gigantescos, bisões do tamanho de carros. E, naturalmente, "neandertais", grandes hominídeos corpulentos, relacionados a nós. Seriam eles uma espécie ligeiramente diferente, um concorrente que eliminamos? Os "neandertais" sobreviveram na Europa, praticando ritos fúnebres e outros rituais religiosos, por cerca de 70 mil anos. Então o *Homo sapiens* apareceu, com suas pinturas nas cavernas e mentes rápidas, e em pouco tempo os "neandertais" desapareceram. Quando vejo fotografias de Bornéu, do Brasil e da Nova Guiné, lembro-me de como o dinâmico manancial das florestas tropicais engendrou novas formas. Nossa rede de segurança genética é tecida a partir dessa biodiversidade.

Ponho o livro na mesa a meu lado numa poça de luz solar. Em algum momento, a vida espalhou-se por toda a Terra. Cerca de 40 milhões de espécies diferentes compartilham nosso planeta neste momento, e isso parece uma cornucópia, mas no passado aqui viveu o equivalente a 10 vezes esse número. Alguns cientistas colocam a estimativa perto de 50 bilhões de espécies. Como a vida humana é curta, os registros de que dispomos são recentes, e nossa memória coletiva é tão pobre, há quem pense que os rinocerontes e elefantes sejam eternos e que nós também o sejamos. A evolução, com seu passo arrastado, lento mas firme, nos protegerá da preguiça, não é? Tranqüilizados pela lógica do "em time que está ganhando não se mexe", sentimo-nos seguros quanto à condição "gradualista" do tempo. De qualquer forma, segundo os mitos e a religião, somos o objetivo da evolução. Mas 99% de todas as espécies do planeta se extinguiram, incluindo alguns de nossos ancestrais mais próximos. Só porque temos mentes evoluídas que lutam pela ordem não quer dizer que a Natureza seja ordeira. A evolução é um cão de guarda adormecido. É possível nós a perturbarmos ou mesmo que ela possa despertar sozinha. Seja qual for o caso, espere uma comoção.

A palavra *extinto* vem do latim *stinguere* ("reprimir", "conter", "sufocar") — o verbo que se costuma utilizar para apagar uma chama. Como vivemos num planeta hospitaleiro para o fogo, que crepita e consome, mas também aquece, ficamos obcecados com a idéia de fogos dentro de nossos próprios corpos. Isto não é apenas uma metáfora que veio com os dínamos e fornalhas da Revolução Industrial; os antigos também escreviam sobre fogo na carne. Quando falamos que alguma coisa se extinguiu, queremos dizer literalmente que a chama em todas as células foi apagada. Mas usamos "extinto" não como verbo, mas como adjetivo ligado aos verbos "tornar-se" e "ficar". Mesmo com esse uso da palavra, ficamos na dúvida se a extinção acontece a uma espécie ou é provocada por essa espécie. Subconscientemente, achamos que é uma falha suprema. Não percebemos que a extinção é normal. Aconteceram grandes matanças no passado, quando muitas espécies desapareceram, descartadas pela evolução, em um confronto com formas de vida que pode parecer insensível, cruel, impiedoso, mas que também ocorre sem maldade, sem intenção e de forma aleatória. A elevada taxa de extinção neste momento é única dentro de nosso tempo de vida registrado. Por isso nos surpreende; mas as extinções em massa não são extraordinárias. O que deveria nos deixar preocupados é que, no passado, grandes ondas de extinção sempre exterminaram os culpados: quando determinados organismos eram abundantes demais, dominando a Terra e arruinando o meio ambiente, entravam em extinção, com incontáveis outros animais. Então uma nova forma de substância viscosa, ou alguma espécie de rato, reiniciava o processo de evolução. Portanto, não é o fato de grandes números de animais não terem sido extintos antes ou que a Natureza não saiba cuidar de si própria, mas sim que, quando a Natureza o faz, as coisas começam a partir do nada, em uma nova linha de evolução, e essa linha pode não incluir seres como nós. Os humanos podem estar entre os fósseis sobre os quais outras formas de vida especularão algum dia (se especularem), intrigados com nossa tragédia, assim como nos intrigamos com a dos dinossauros.

Os sistemas hoje existentes na Terra levaram centenas de milhões de anos para se desenvolver, mas poderiam entrar em crise agora, a nosso redor, entrar em colapso rapidamente e nos levar com eles. Isso não quer dizer que toda a vida na Terra desapareceria, mas que ela poderia ser radicalmente diferente. Houve tempos em que criaturas anaeróbicas reinavam e tempos em que as aeróbicas resistiam. Cinco cervos pularam para dentro de meu quintal esta manhã para comer maçãs caídas debaixo das duas árvores perto do estúdio. Com pelagens grossas e escuras, eles mais pareciam burros. Houve um tempo em que dinossauros rondavam esta mesma região e lamento que tenham morrido. Mas, se os dinossauros ainda governassem o planeta, não estaríamos aqui. Foi a extinção deles que deu espaço para os mamíferos pequenos, tímidos e noturnos que nos deram origem.

Até mesmo para os mais piedosos amantes do planeta existem muitas formas do sagrado, muitos rituais de devoção. Algumas pessoas vêem a Natureza como sagrada demais para tocar; acreditam que ele deveria ter permissão para seguir seu curso e lutar por conta própria, descobrindo seu próprio equilíbrio, obliterando espécies a torto e a direito. Essa visão fatalista nos vê simplesmente como uma faceta da Natureza entre muitas outras facetas igualmente extraordinárias: pode incluir a idéia de Deus como um senhorio ausente. Algumas pessoas fazem objeção à maneira como "brincamos de Deus", escolhendo salvar alguns animais e condenar outros à morte. Por exemplo, será que tanto dinheiro ambiental deveria ter sido gasto com o condor, cujo papel de necrófago foi desgastado pela civilização? Alguns acreditam que toda vida é sagrada e que, portanto, todas as espécies devem ser preservadas. Outros argumentam que sagrado é o mecanismo da Natureza e que uma de suas funções é abortar espécies que não estão se adaptando bem e queimar florestas como meio de refertilizar o solo. Isso criaria mais recursos e espaço para outras criaturas. Por acaso, acho os coalas e os pandas criaturas maravilhosas e por questões egoístas eu detestaria vê-los desaparecer. Mas eles confiam em nichos tão precários, que sua sobrevivência é duvidosa. O coala só come eucalipto; uma praga nos eucaliptos seria seu fim. Se estamos levando as espécies à extinção, deveríamos parar. Mas, se não somos os culpados, deveríamos interferir?

Falando nisso, quem possui uma espécie em extinção? O que torna essa questão mais complicada é que não adianta proteger apenas o animal; você precisa proteger todo seu hábitat. Quando as pessoas contribuem para a campanha "Salvem os Pandas" do World Wildlife Fund, o dinheirovai , na verdade, para a proteção do hábitat dos pandas e não só para o animal. Se a extinção é normal, então os que fazem campanha em prol de uma relação livre com a Natureza não têm por que se preocupar. Vamos perder algumas espécies e ganhar outras. Mas as pessoas que gostam da vida na Terra como ela é hoje deveriam se preocupar. O desaparecimento de tantos outros animais pode indicar que nós mesmos não estamos longe do abismo. Se quisermos que nossa espécie permaneça na ativa por mais algum tempo, devemos ser vigilantes quanto ao que estamos fazendo com outras espécies, porque a evolução é um conjunto de acordos, não uma lista de vencedores. Como Gregory Bateson aponta em *Sacred Unity: Further Steps to an Ecology of Mind*: "O cavalo não é algo que evoluiu. O que evoluiu na verdade foi uma *relação* entre o cavalo e a grama... Assim, a unidade do que chamamos de evolução não trata, na verdade, desta ou daquela espécie. É todo um entrelaçamento de espécies."

Mergulhando mais uma vez em *The Home Planet*, detenho-me em uma fotografia do Rio Negro, que deságua na Bacia Amazônica, no Brasil. Minha memória desce do espaço até o nível do rio, onde nadei de *snorkel* em águas escuras e claras como quartzo. A 160 quilômetros a sudoeste, a cor marrom do Rio Negro se funde com o claro Amazonas, no que é celebrado como o "casamento das águas". Já caminhei, flutuei e dormi ao longo daquele rio, cujas margens fervilham de plantas e animais ainda sem nome. Visitar a margem é como entrar num grande cofre verde. Lembro-me da picada das formigas lava-pés, da fluorescência de um sapo venenoso de flecha azul. Na época, eu não ficava perplexa com sapos; hoje fico.

Os sapos estão desaparecendo no mundo inteiro. Um amigo me contou que, quando trabalhava no Panamá, descobriu que vestígios de repelente para insetos em sua mão podiam matar qualquer sapo em que tocasse inadvertidamente. Também ouvi dizer que um vírus, que está se espalhando pelos seis continentes, pode ser o responsável pela morte dos sapos. Antigamente existia um belo sapo dourado em Monteverde, na Costa Rica, admirado há anos pelos habitantes do local. Recentemente, as pessoas afirmaram que nenhum foi mais visto. Ninguém sabe se estão extintos ou não, mas podem estar. Para a maioria das pessoas, os sapos não são charmosos o suficiente para provocar alguma preocupação. Mas a velocidade com que os sapos estão desaparecendo deveria nos apavorar. Como disse Paul Ehrlich, perder uma espécie é como ir perdendo aos poucos um rebite da asa de um avião. Você pode perder uma quantidade incrível de rebites numa asa, e provavelmente o avião não cairá. Mas nenhum engenheiro iria querer estar naquele avião retirando rebites para saber quantos seriam necessários para fazê-lo cair. Pode ser que seja seguro retirar uns 100 deles. Mas aí chegaríamos à escolha entre rebites importantes e rebites não tão importantes. Em que ponto você teria soltado rebites suficientes para que, quando o próximo saísse, toda a estrutura desabasse? Para mudar de analogia, pensem em cortar uma árvore. No começo do corte, a árvore pode se curar, e não cairá. Corte mais um pouco, e ela provavelmente sobreviverá se não soprar uma grande ventania logo. Corte um pouco mais, e ela cairá com certeza. Com a vida na Terra é assim: estamos cortando-a devagar sem saber quando o ponto irreversível será atingido.

É tentador pensar que apenas os grandes e atraentes animais ameaçados deveriam ser protegidos. As pessoas sentem em sua maioria que suas vidas na Terra seriam melhores se mais insetos fossem extintos. Mas a vida na Terra precisa de seus insetos, da mesma forma que de suas bactérias. Geralmente as pessoas pensam em bactérias como uma causa de doença e morte, mas, se não tivéssemos bactérias benignas, já estaríamos mortos. Uma série de bactérias biologicamente importantes foi recentemente identificada em fezes de morcego encontradas apenas em cavernas específicas; se perdêssemos as colônias de morcegos nessas cavernas, também perderíamos muita biodiversidade de que precisamos.

Paleta genética de muitas cores, a biodiversidade é crucial

para a sobrevivência da vida na Terra e também para nossa saúde. Num rompante de espiritualidade, é tentador ilustrar isso como uma espécie de rígida peça de moralidade: multidões de plantas, insetos e peixes colocados na Terra para fornecer o antídoto perfeito para doenças humanas específicas. Como a dedaleira (erva-dedal), o quinino (casca da cinchona), a aspirina (salgueiro) e milhares de outras drogas nos provaram, a farmacopéia da floresta tropical possui, de fato, uma grande riqueza curativa, e isso ocorre por causa do profundo parentesco entre todas as coisas vivas. Um verme segmentado parece radicalmente diferente em forma e função de uma hortência, uma jaguatirica ou uma equipe universitária de natação. Retratamos a vida na Terra como um banquete de entidades muito diferentes, mas no nível molecular elas diferem muito pouco. Têm células, órgãos, fluidos que contêm material semelhante, realizam funções semelhantes. As substâncias químicas da Terra podem anular, inflamar, diluir, acalmar, alterar umas às outras — como pigmentos, quando misturados — porque, essencialmente, são todas compostas das mesmas matérias-primas. Um chimpanzé parece radicalmente diferente de um ser humano; mas nossos genes diferem dos deles menos de 1,6%. Existe um profundo parentesco entre todas as coisas vivas, não só espiritual ou moralmente, ou por algum acidente de sermos vizinhos, mas também física e funcionalmente, em nossos hábitos, em nossas fomes, em nossos genes. Nosso ancestral comum era a vida, e uma forma rara dela — vida terrestre — que desenvolveu suas formas básicas, simbioses e motivações. Isso sempre nos fará mais intimamente relacionados a um panda do que a uma pedra, e provavelmente mais intimamente ligados a qualquer faceta da vida terrestre do que a formas de vida passíveis de descobrir em qualquer outra parte do Universo. Superficialmente, um tatu parece diferente de uma cerejeira; mas as biofamílias da Terra têm uma forte relação umas com as outras.

À medida que um número cada vez maior de espécies se tornam raras, ângulos de cor serão apagados deste caleidoscópio vivo, reduzindo as combinações possíveis. Variedade não é só o tempero da vida, mas o seu ingrediente indispensável. E por isso deveríamos preservar o último vírus da varíola existente? "Qual o bem que a varíola já fez a alguém?", alguns argumentam. "Pense em todo o sofrimento que ela provocou. Vamos acabar com ela de uma vez por todas." Sou feliz por esse vírus estar trancado num lugar seguro e rezo para que jamais escape de sua prisão, mas pode ser que um dia ele nos ofereça um lampejo, ou uma solução, a algum trauma biológico que agora nem sequer podemos imaginar.

O que poderia ser mais espinhoso do que os problemas complexos da ecoética? Suspeito que um dia haverá muitos departamentos universitários e conselhos consultivos dedicados a debates do gênero. Só sei que, para mim, a vida é uma circunstância improvável e extraordinária, uma situação fascinante para o aparecimento da matéria. Adoro a variedade da vida e gostaria que o máximo possível dela continuasse a existir.

Por que temos tanta consideração pelo que é raro? A palavra "raro" implica qualidade incomum acrescida do dom de permanência pouco freqüente. Raridade não é a mesma coisa que escassez, um estado temporário. Viemos de uma longa linhagem de criaturas ecumênicas: não deveríamos valorizar tudo o que nos une? Primeiro, considerem o papel que a novidade desempenha em nossa herança e mesmo em nossas células. Nossos sentidos reagem a *mudanças* no ambiente. Um leão em pé na grama não é uma ameaça até que ele vire a cabeça em sua direção e inicie um ataque. Se você sobreviveu a ataques anteriores de leões, talvez reconheça os primeiros milissegundos de perigo: os olhos do leão convergindo em sua direção e o fixando no espaço, os músculos de seus ombros se tensionando, abaixando a cabeça para começar a corrida. Quando alguma coisa muda num cenário desses, nossos neurônios assinalam uma mudança. O corpo fica em alerta. Um assobio silencioso sopra na carne. O corpo se tensiona para lutar ou correr.

O êxtase, que desejamos porque é seguro e repousante, logo nos aborrece: o corpo passa por cima dos detalhes. Se nada muda, os neurônios podem permanecer calmos. A adrenalina não é necessária. A pressão sangüínea não precisa subir. O cérebro não precisa descansar de seu cochilo. Caso contrário, viveríamos numa tempestade de sensações, uma espécie de ruído sensorial. Estaríamos constantemente conscientes da sensação de uma pulseira, de um suéter, de um par de óculos. Jamais seríamos capazes de dar algo "como garantido", como gostamos de dizer. Para que o tumulto da vida se torne uma mancha indistinta, fora da qual pairam a fome ou o perigo, devemos dá-lo como garantido. Mas também desejamos sentir nossa reação à mudança, que nos sacode e nos desperta completamente e faz cada detalhe do mundo parecer subitamente importante, distinto, agudamente definido. Quando algo de novo aparece, nós o analisamos em profundidade, com todos os nossos sentidos prestando atenção, em caso de uma ameaça, ou uma fonte de alimento, ou um alerta. De uma só vez, a adrenalina jorra, o pulso acelera, o sangue flui mais rápido, os músculos se contraem e preparam-se para um trabalho difícil. Se ficarmos quietos e não fugirmos nem lutarmos, todo aquele turbilhão bem-vindo permanece engarrafado, e sentimo-nos prontos para sair fervendo de nossas peles. Sentimos uma emoção que cresce cada vez mais com a magnitude da ameaça ou da oportunidade à nossa frente. Estudos demonstraram que, quando uma mulher desconhecida entra numa sala, o nível de testosterona dos homens sobe. A novidade nos excita visceralmente.

Mas também nos excita como idéia. O que é a vida?, indagamos, sabendo que a resposta não virá como uma manchete, mas como uma simples nota de pé de página. A vida é feita de esporões, ramalhetes de flores, ácaros, couro de crocodilo, penas e bigodes de baleia (assim como os mamíferos, as baleias têm pêlos), serenatas de sapos, prepúcios, hortênsias azuis, lesmas, danças de guerra, lascas de cedro e besouros bombardeiros. Sempre que encontramos algo que seja raro, mentalmente o adicionamos à aparentemente infinita lista de formas que a vida pode assumir. Sorrimos surpresos ao descobrir outra variação de um tema ancestral. Para ouvir a melodia, precisamos ouvir todas as notas. Então somos atraídos para novas notas, notas que nossos amigos ainda não ouviram.

Às vezes é difícil para nós, colecionadores de artefatos raros como pesos de papel, botões ou quadros, compreender que nós mesmos somos raros. Podemos ser o mais raro de todos os animais e somos de longe o mais perigoso. Gostamos de nos vangloriar de estar no topo da cadeia alimentar, mas a verdade é que furamos a fila. Existem outros animais mais rápidos, mais resistentes, mais fortes, mais bem armados. Somos é mais espertos. Nossos cérebros exercitam uma forma de engenhosidade maliciosa que, por falta de melhor definição, chamamos de pensamento. Estamos na lista dos mais raros não por causa de nossos números, mas devido à improbabilidade teórica de estar aqui, o ritmo de nossa evolução, nosso poderoso controle sobre todo o planeta, e o equilíbrio precário do futuro. Somos meninos prodígio evolucionistas mais capazes de transformar o mundo de que compreendê-lo. Outros animais não conseguem evoluir rápido o bastante para lidar conosco. É possível que também possamos nos tornar extintos, e, se isso acontecer, não seremos a única espécie do planeta que se sabotou, apenas a única que poderia ter impedido isso. Como vastos rebanhos de humanos habitam o planeta, supomos que sejamos invulneráveis. Em um certo sentido, somos um vírus que varreu o mundo, mudando-o e devorando-o. Se somos ou não uma praga, ainda não se sabe. Como nossa esperteza nos permitiu domar grandes rios, voar através do céu, embora não tenhamos nascido para isso, e até mesmo acrescentar nossos artefatos ao acervo da criação, supomos ser onipotentes. Como inventamos um modo arbitrário de enquadrar as ações da Natureza, que chamamos de tempo, entendemos sermos imortais.

Nos últimos anos, tenho viajado para conhecer e observar alguns dos mais raros animais e ecossistemas. Como membro da espécie responsável por seu declínio, sinto uma necessidade urgente de testemunhá-los e celebrá-los antes que desapareçam. Mas meus motivos também são egoístas: tenho um desejo muito grande de saber como os dinossauros corriam, como era a pele deles, quais eram os sons que emitiam, como faziam carinho em seus filhotes. Hoje, existem poucas espécies vivas conhecidas entre nós que talvez tenham vivido no planeta por milhões de anos mais do que nós, mas que perecerão sem que as notemos, sem que tenhamos registrado seus modos e hábitos. Acho esse pensamento insuportável. Tantas plantas e animais estão ameaçados, que seria impossível escrever um livro completo sobre o assunto. Então decidi me concentrar em três animais emblemáticos (focas-monjas, albatrozes de cauda curta e micos-leões-dourados), dois ecossistemas ameaçados (a Amazônia e as *scrublands* da Flórida) e um "fenômeno ameaçado" (a migração da borboleta monarca). Estas são algumas das tarefas para as quais a vida impele no momento. Não pude resistir em acompanhá-las.

Para mim, isso sempre significou observar os animais em seus hábitats trabalhando com cientistas que dedicaram suas vidas a eles. Isso normalmente requer no mínimo uma pequena peregrinação, que acho fortalecedora de infinitas maneiras. Mas às vezes me julgo uma "aventureira radical", para usar as palavras de um resenhista. Encarada como elogio, essa silhueta emocional está bem distante de minhas motivações e intuitos. Acho que as pessoas associam a violência e a brutalidade com a vida selvagem e acham que as mulheres não se sentem à vontade nesses lugares. Quando Giraudoux escreve, em *Ondine*, "a mão de uma mulher, não importa o quanto seja suave, pode se tornar uma concha de ferro quando protege uma coisa viva", não quer dizer que a mulher se transforme numa valquíria, mas sim que suavidade e força não são incompatíveis. Existe uma força que anima as pessoas em raros momentos, uma combinação de esperteza e habilidade física. E há uma força que tranqüiliza as pessoas, uma paciência glacial, autonegação ou determinação. Ambas podem ocorrer freqüentemente nas favelas ou num *campus* universitário, assim como na Amazônia.

Aos 13 anos de idade, eu queria desesperadamente ser o que então julgava chamar-se "aventureira". Levei anos para descobrir a verdadeira topologia dessa palavra, seu cenário de habitantes noturnos e areia movediça emocional. Levei ainda mais tempo para compreender que eu não desejava ser uma "aventureira"; referia-me, na verdade, a uma espécie de naturalista/poeta que patrulhasse as vastidões selvagens do mundo e nossa própria selva emocional com armadilhas feitas de frases e dardos embebidos em maravilhas. Existe uma tradição literária à qual eu queria pertencer — embora não suspeitasse na época — que inclui escritores de ficção de estilo elegante como Melville e Conrad, que haviam vagueado pelo que Wallace Stevens mais tarde chamaria de "o país selvagem da alma", e também rapsodos da não-ficção como Loren Eiseley e Guy Murchie, e exploradores literatos como *sir* Richard Burton, entre muitos outros. Todos eles eletrizam viajantes de poltrona como eu com suas caravanas sensoriais. Hoje, os filmes e a televisão cumprem essa função para muita gente, mas eu ainda adoro ver o mundo pelas lentes de um livro, para acrescentar visões e lampejos de outros aos meus.

Adoro brincar com palavras e tentar retratar a dinâmica da vida e pensar sobre certas coisas. Algumas pessoas extremamente solenes, que parecem saber demais sobre para que serve a Natureza, a fim de serem capazes de aproveitá-la, acham que você não pode ser sério sem fazer pregações, nem sincero sem dizer tudo o que pensa. Claro que a Natureza é sagrada e deve ser protegida. Todos nós deveríamos nos importar urgentemente com o destino dos animais e dos ecossistemas, e deveríamos trabalhar muito por isso. Mas a Natureza também é uma grande diversão. Fingir que ela não é divertida equivale a perder muito da alegria de estar vivo e negar a curiosidade, inquietude, celebração, espiritualidade, invenção e outras características que nos tornam singularmente humanos. Se eu respeito as singulares maneiras de ser do elefante ou da andorinha, por que não deveria respeitar as do ser humano?

Rezo para que não haja problemas nas expedições e tento sempre evitar o desconforto. Mas não há por que fingir que às vezes não seja divertido ao descobrir ser preciso meter de fato o pé na lama — seja enfiando a mão num buraco para verificar um ninho na Antártida, andando com lama até as coxas na Amazônia, ou caminhando sobre uma camada de guano de contextura igual à de uma sopa de ervilha. Às vezes, quanto mais suja, faminta e machucada fico, mais sinto a profunda alegria de ser filha da terra. Poucas coisas oferecem tanto prazer quanto encontrar a Natureza em seus próprios termos, atendendo a suas exigências rítmicas, tentando então capturá-la por um breve instante na rede da imaginação, estudando seus gestos e temperamentos, e fazendo o drama, normalmente desenrolado em quatro dimensões, parar por um momento e se dividir temporariamente em apenas duas.

Mais tarde, ao ler meus cadernos de anotações, sou por eles levada de volta a pessoas, lugares e eventos que talvez eu nunca mais vivencie. É tão rápida a mudança da cartografia da vida. Fazia sentido eu me sentir assim quanto à expedição dos albatrozes, uma difícil jornada marítima; mas fiquei surpresa ao descobrir que cada uma dessas expedições me provocou a mesma emoção. Embora eu estivesse normalmente segura e confortável, cada dia era uma questão de vida ou morte para os animais que viajei para ver, e por isso um alarme batia sem cessar em meu peito. Ao voltar para casa depois de cada viagem, sofria uma torrente de emoções, incluindo a alegria do privilégio e do encantamento, a satisfação de ter ajudado os animais da melhor maneira possível, e de resto aquela dor especial que se sente ao se dizer, por via das dúvidas, adeus a amigos que partem para uma guerra.

AS FOCAS-MONJAS

"Na mitologia do povo que ganha seu sustento no mar, sabe-se que, ocultos nas poças escuras dos olhos de certas focas, encontram-se espíritos que têm um apelo para certos homens. Os irlandeses, entre nós, e alguns escandinavos que viveram muito tempo na beira do mar podem ouvir melhor tal mensagem. Essas focas, dizem eles, são na verdade pescadores apanhados em algum ato que desagradou aos deuses e foram obrigados a viver cobertos com peles para todo o sempre e a vagar à mercê dos ventos e ondas. De vez em quando, uma dessas focas salva a vida de um marinheiro que se está afogando e aí então é libertada de seus laços animais. Ela se transformará numa linda donzela e será a mulher do marinheiro, mas não haverá frutos dessa união e as mulheres idosas da aldeia saberão por quê. Sempre de olhos castanho-escuros e corpos macios são essas belas criaturas, que ficam acordadas na cama quando a lua cheia entra pela janela.

E seus pés são um pouco mais frios do que os pés das mulheres comuns."

— *Victor Scheffer,* The Year of the Seal

Vi seu rosto sonhando acordada: uma cabeça bulbosa coberta de pêlo prateado, com olhos negros de formato de botões, um focinho no qual narinas enormes se abrem inteiramente como pontos-de-interrogação, pequenas orelhas em forma de abas, bigodes finos de gato e muitos queixos flácidos. Na terra, ela se arrasta com um esforço excruciante ou avança se contorcendo e deixando rastros como uma lesma de 200 quilos. Mas a água a deixa livre para rodopiar e correr. Impulsionado por nadadeiras gêmeas, seu corpo em forma de torpedo pode escapar de um tubarão. Dizem os livros que ela cresce até atingir 2,10m de comprimento. Mas as fotografias mostram criaturas algo distanciadas e indistintas. Não há detalhes reconfortantes — o toque, o cheiro, o som, as expressões. Não importa quanto eu olhe para, digamos, o poço mental de uma fotografia, utilizando-a como ponto de partida: não consigo ver além das bordas do papel, por mais que me esforce. Então fiquei me perguntando como deve ser uma foca-monja e qual a sensação de se estar perto de uma. Será que ela é forte? A maioria das focas é, mas essas são incomuns. De fato, as focas-monjas são as mais antigas de todas as focas. Mas, de qualquer modo, como são as mais antigas? Nas fotografias, as focas-monjas parecem jovens e disformes, com rostos redondos, de filhotinhos de cachorro. Serão assim as antigas, formadas por linhas e curvas suaves, uma única linha fluida e bojuda como o próprio planeta?

* * *

Finalmente, French Frigate Shoals flutua abaixo de nós. Por trás da fina anágua branca de seu quebra-mar, um longo cometa de água estende-se na direção do Pacífico. A maior parte do oceano envolto no coral do atol é rasa. Com fundo arenoso; o recife cai abissalmente nas margens exteriores. As ilhas propriamente ditas assumem diferentes formas e ficam distantes umas das outras como peças ligeiramente espalhadas de um quebra-cabeça. As cores mutantes do oceano dizem quais aquelas cercadas por bancos de coral ou baixios arenosos e por onde correm os canais fundos. Mas elas não poderiam ser mais frágeis. Algumas parecem grandes o bastante para abrigar um pequeno prédio, mas outras são do tamanho de caixas de areia e de vez em quando chegam a desaparecer inteiramente.

Essa dispersão de ilhotas e pontas de areia em forma de ferradura fornece o último santuário da foca-monja havaiana, um "fóssil vivo", como a chamam alguns, uma foca tão antiga, tão rara e tímida, que parece quase mítica. Por milênios, manadas de focas-monjas percorreram o Pacífico, o Caribe e o Mediterrâneo. Foi o primeiro pinípede registrado por Aristóteles, a primeira foca avistada por Colombo. As focas-monjas, mansas, amantes das margens e fáceis de capturar, foram logo chacinadas aos bandos. Pensamos em extinção como um horror trancado num misterioso baú submerso de nosso passado, algo que aconteceu há muito tempo, não como um processo ocorrendo neste exato instante. Mas, segundo os registros, a última foca-monja caribenha foi avistada em 1952. Eu tinha então quatro anos de idade, crescendo numa cidadezinha em Illinois, brincando no pomar de ameixeiras em frente à minha casa e aprendendo a contar. Não sabia que um animal que sobrevivera por 14 milhões de anos estava sendo extinto exatamente naquele momento, nem que um dia eu lamentaria seu desaparecimento, e que a maioria das pessoas só veria uma foca-monja bidimensional num livro ou empalhada num museu.

Algumas focas-monjas ainda habitam o Mediterrâneo, mas são poucas e estão desaparecendo: raramente são avistadas. Há não muito tempo, dois pesquisadores, viajando por Marrocos para estudá-las, morreram quando seu jipe explodiu ao passar por uma mina. Tantos governos dividiram o hábitat da foca-monja, que a pesquisa organizada não é viável. E, de qualquer forma, atividades humanas afastam as focas-monjas: barcos a motor, aviões, pesca, turistas. O tranqüilo e nobre Mediterrâneo de Aristóteles, onde sereias cantavam canções solitárias, evoluiu para um carnaval de barulho, diversão e comércio. A única esperança para todo o gênero *Monachus* reside nas últimas focas-monjas havaianas, que encontraram um longínquo esconderijo. E mesmo essas focas enfrentam problemas.

Tudo o que a foca-monja quer é continuar vivendo nos antigos mares para os quais foi feita. Mas essas águas já não existem. Poluentes, plásticos e linhas de pesca passeiam pelas ondas, e humanos andam com estrépito pelas praias ou correm pelos recifes. Na verdade, uma torre de navegação de satélites Loran C domina uma das principais ilhas onde as focas-monjas vão ter seus filhotes. De vez em quando, uma foca grávida aparece numa praia bem-freqüentada em uma das principais ilhas havaianas. Ironicamente, embora os turistas possam ficar deitados tranqüilamente por horas tostando ao sol, quando vêem uma foca-monja fazendo a mesma coisa sempre acham que ela está perdida ou com problemas, e a fazem voltar para o oceano. Este simples ato — levá-la de volta para o mar — pode matá-la e a seu filhote. As focas-monjas escolhem uma praia cuidadosamente, avaliando o terreno e a água rasa. Assustada pelos humanos, a foca procura outro ponto para ter seu filhote, com menos gente, ainda que isso signifique uma paisagem menos ideal. Uma foca-monja fêmea precisa de um berço raso para seu filhote, bem perto da margem, onde possa protegê-lo e alimentá-lo. A água funda próxima da margem é um convite aos tubarões, os caçadores silenciosos dos recifes, que adoram filhotes de foca. A culpa não é só de pessoas ignorantes ou irresponsáveis. Costumamos acreditar que viver significa movimentar-se, e então às vezes as pessoas, com a melhor das intenções, enviam uma foca que está na praia para um fim trágico.

Subitamente Tern Island materializa-se abaixo de nós. Uma ilha longa e arenosa, em forma de porta-aviões, que era utilizada pela Marinha dos Estados Unidos, em 1942, como posto avançado durante a guerra no Pacífico. Na aproximação final, os pilotos colocam capacetes brancos, caso algum pássaro errante se choque contra o pára-brisa e o estilhace. Ao virar, alinhamo-nos a uma larga pista de corais, desligamos os motores e começamos a descida em câmera lenta para o pouso, quando grandes bandos de albatrozes, atobás e andorinhas-do-mar estouram como flocos no ar ao nosso redor. Quando tocamos o solo, uma segunda barragem de pássaros alça vôo — dessa vez, toleirões marrons, pardelas e lavandeiras — e em meio a um ciclone de pássaros chegamos finalmente diante de um grande quartel, onde uma placa diz: "Ilha Tern, French Frigate Shoals. População 4."

O administrador do refúgio e três pesquisadoras vêm nos cumprimentar e levar as caixas de alimentos que trouxemos para a estação de campo, um prédio na forma da letra grega *Pi*, com dois longos corredores, que partem de um grande salão comum, e uma cozinha, que um dia abrigou dezenas de soldados americanos. Hoje, a maioria dos pequenos quartos está vazia. A sala de jantar e a sala de recreação abertas (esta, com mesa de pingue-pongue, sinuca, biblioteca e videocassete), e as salas de material e lavanderias separadas me dão a sensação de um dormitório de universidade. Quatro volumosas geladeiras dominam a cozinha, e os aposentos que servem de despensas estão lotados com comida e bebida suficientes para muitos meses de isolamento. A água é coletada na quadra de basquete ao lado do prédio e purificada. Uma pequena e quente "sala seca" protege os remédios da estação, assim como um processador de textos, fotocopiadora, walkie-talkies e outros equipamentos sensíveis. Um gerador fornece a energia elétrica, mas, quando alguém precisa falar no rádio de ondas curtas, as luzes devem ser desligadas para poupar eletricidade.

Chego a French Frigate Shoals com William Gilmartin, diretor do Monk Seal Project, para colocar pequenas etiquetas de identificação nos filhotes deste ano e verificar a saúde dos adultos. William Curtsinger, fotógrafo da *National Geographic*, veio conosco. Gilmartin é um homem alto, magro e barbudo, de seus 50 anos, com cabelos escassos, mãos enormes e nariz e testa proeminentes. Curtsinger é mais franzino, louro, 44 anos, o rosto marcado por muitos anos de trabalho debaixo do sol e do oceano. A camiseta marrom e laranja de Gil diz: "Havaí — encontrei meu lugar." Bill também veste uma camiseta, azul-clara, sem dizeres. Por uma semana seremos uma equipe.

Em expedições, é bom comer sempre que se tem chance, independentemente do tempo e da fome. Por isso, quando encontramos um vidro de chili e arroz na cozinha, sentamos para um café da manhã reforçado. Depois, deixo meu equipamento no quarto, o número 13, no lado leste do prédio. Bill e Gil escolhem quartos no lado oeste, com janelas que dão para um quintal cheio de toleirões marrons e pardelas com patas em forma de cunha ("anabelas"). Minhas janelas, travadas, de modo que fiquem abertas, estão voltadas para a praia e o oceano. Se não fosse pelo ângulo das vidraças salpicadas de guano, uma andorinha do mar, dialogando com seu reflexo no vidro, seria capaz de entrar voando e pousar na mesa de madeira. Uma fila indiana de formiguinhas atravessa um espelho coberto de poeira sobre um armário. Abrindo uma gaveta empenada, descubro mais formigas e rapidamente descubro que estão por toda parte; até mesmo um punhado delas caminha sobre o deserto branco de minha cama. Como as lagartixas que patrulham as latas de lixo na sala de jantar, as formigas são inofensivas, e não me importo em colocar minhas roupas entre elas. Um instinto ancestral me faz dar um pulo quando um inseto ou réptil sai correndo inesperadamente perto de minha mão. Mas gosto de que me lembrem de como são frágeis os postos avançados que construímos nas vastidões desoladas, como se concreto, metal e linóleo realmente pudessem manter a Natureza distante de nós, ainda que temporariamente. A Natureza sempre espera um pouco e então envia seu pelotão de formigas, lagartixas, pássaros ou besouros — a brigada onde-você-menos-espera-encontrar, especialistas em lugares remotos. Portanto, não me incomodo aqui com formigas em minha cama, não mais do que me importei, há apenas uma semana, em encontrar uma cobrinha lagarteando num vaso de crisântemos na janela de minha sala de estar de uma cidade ao norte do estado de Nova York. É bom ser lembrada ocasionalmente de que fronteiras são arbitrárias e que categorias absolutas como "exterior" e "interior" podem ser invertidas com muita facilidade.

Gil aparece em minha porta, vestido com uma bermuda de ciclismo de *spandex* preto, uma camiseta esfarrapada e um chapéu pontudo. Numa das mãos leva um bloquinho de notas, na outra um grande balde de plástico branco no qual está escrito "etiquetas".

— Pronta? — pergunta. — Não esqueça o filtro solar. — Refletido na areia de coral, o sol do meio-dia pode ser devastador. Só cachorros loucos e biólogos de campo saem nele.

Bill, Gil e eu nos encontramos no cais, onde usamos um guindaste elétrico para baixar um baleeiro de Boston alaranjado à água. Nossa primeira parada hoje será East Island, uma ilha comprida com formato de chinelo, 10 quilômetros a sudeste de Tern, que já abrigou uma estação da guarda costeira norte-americana. O oceano engrossa e torna-se agitado. Calculando o momento exato, pulamos no barco, que balançava como um carrossel em movimento, colocamos os coletes salva-vidas, testamos nossos dois rádios de ondas curtas e em seguida partimos. Depois de uma viagem de 40 minutos em mar agitado, fazendo-nos sacolejar até os ossos, vemos um ponto luminoso no horizonte, mantendo-se a uma altura baixa, mas se aproximando. Composta inteiramente de areia grossa de coral e conchas pulverizadas, East Island tem somente cerca de 60m de comprimento e 120m de largura, e não fica a mais de 2,5m a 3m acima do nível do mar. Na verdade, mais parece um calo ou uma joelheira do que uma ilha, e uma tempestade com vento poderia jogar ondas que a atravessariam de uma ponta à outra. Atobás mascarados, andorinhas-do-mar negras e albatrozes de Laysan vêm nos saudar voando enquanto atravessamos os bancos de coral. Por fim nos decidimos por um ponto a sotavento da ilha. Bill fixa a âncora de popa no oceano; eu deslizo sobre a proa com uma segunda âncora, subo a praia e planto suas garras de aço numa pequena duna. Gil avisa pelo rádio que chegamos a East. Ao partirmos, ele tornará a se comunicar com nossa base. Essa rotina fornece à estação de rádio apenas um pequeno conjunto de informações, uma sinalização mental pela qual é possível nos encontrar. Se alguma coisa acontecer com nosso barco, pelo menos eles saberiam por onde começar as buscas.

Seguindo pela água morna, levamos baldes e equipamento na cabeça como carregadores da selva e deixamos tudo numa pilha na margem. O sol parece um ferro em brasa, onde quer que incida sobre a pele exposta. Não há sombra, e a areia de coral irregular, como milhões de dentes completamente expostos, reflete toda a fúria do sol. Gil diz que os pesquisadores às vezes brincam, nas horas vagas, de tentar encontrar suas iniciais nos fragmentos de coral. Pego um punhado nas mãos em concha e deixo milhares de letrinhas escorrerem por entre meus dedos abertos. Como eles parecem ter um significado específico, minha mente luta para organizá-los num padrão. É só um reflexo. Nossos sentidos procuram padrões, e quando os encontramos fica difícil culpar o acaso. Mas não há como negar: as esculturas aleatórias da água no coral produziram essa areia texturizada de beleza estonteante. Por um momento, quase posso sentir o impulso de minha mente procurando sentido no coral — deixando isso pra lá, voltando a procurar e novamente deixando pra lá.

Ao meu lado, e por toda a ilha, estão montes de detritos do Pacífico Norte: garrafas vazias, escovas de dente velhas, pentes, um bastão de beisebol de plástico, correias e centenas de bóias de pesca de vidro soprado à mão, em formas redondas ou cilíndricas. Refletidas pela luz do sol, as bóias brilham numa fileira de azuis e verdes tremeluzentes. Freqüentemente estão marcadas em japonês, e algumas, translúcidas, brilham como bolas de cristal. À primeira vista, a ilha parece ter sido bombardeada. Mas as crateras rasas são principalmente os poços subterrâneos de tartaruga verde ou ninhos feitos por anabelas.

Uma alta torre Loran C ergue-se numa das extremidades da ilha; acompanho-lhe a sombra, que se assemelha à de um ponteiro das horas de um relógio descendo à praia, onde cai sobre os flancos de uma enorme foca-monja. Mais amarronzada do que eu imaginara e mudando de pele, a foca parece um pouco como um velho sofá de crina de cavalo que alguém deixou na calçada. Sua barriga brilha com uma cor de camurça clara, e seu peito é verde por causa das algas. Deitada placidamente com o focinho semienterrado na areia, a foca ressona enquanto as ondas que surgem giram ao redor de seu rosto, enchendo seus bigodes de espuma. Penso na idéia de afogamento. A respiração para nós é tão regular e automática, nossa fome de ar tão urgente, que esquecemos de que outros animais necessitam de ar em tempos e formas diferentes. Depois de inalar e exalar três vezes seguidas, o peito da foca pára de se mover por dez minutos. Então, erguendo a cabeça pesada, ela espirra com um movimento forte do pescoço e torna a se acomodar na areia com um pigarro alto. Focas-monjas sofrem com minúsculos parasitas no focinho, o que lhes dá terríveis problemas nos cílios nasais. Embora possam usar as nadadeiras frontais para coçar o rosto e a boca, não conseguem alcançar direito os parasitas. Por isso, espirram com freqüência, estrepitosamente, com os cílios nasais entupidos.

Dois filhotes aparecem no quebra-mar e começam a brincar de dar caldo um no outro. Suponho que essa brincadeira lhes ensine as habilidades necessárias para cruzar ou lutar. Gil não está bem certo. Pouco se sabe a respeito dos rituais de acasalamento das focas-monjas. Na verdade, a procriação só foi observada duas vezes — uma em 1978 e a outra em 1982. Ambos os eventos aconteceram no fundo do mar, e um dos relatos é um tanto obscuro.

Passando perto de uma duna baixa, encontramos seis focas enormes deitadas paralelamente na areia. O tamanho delas é surpreendente.

— Olhem só todas aquelas monjas pescando sobre a praia! — sussurro, excitada. Bill dá uma gargalhada.

— Você acha que a ilha vai levitar?

Uma foca menor, dormindo no meio da ilha, respira algumas vezes, acorda e abre caminho até a água. Como se alimentam à noite, as focas-monjas ficam curtindo o calor causticante do dia, mas gostam de cavar até atingir uma camada de areia fria e úmida. Em muitos lugares encontramos "caminhos de trator" deixados por focas-monjas que se arrastam até a água. Mas, se os rastros estiverem muito perto uns dos outros, o caminho foi provavelmente deixado por uma grande tartaruga marinha verde, também ameaçada de extinção. Quase 90% de todas as tartarugas marinhas verdes (o "verde" se refere à gordura delas, que tem uma coloração dessa cor) fazem seu ninho em French Frigate Shoals. As nadadeiras das focas não fazem contato com a areia da mesma forma que as das tartarugas. Por isso, os rastros parecem um pouco diferentes.

Gil se agacha, curva os ombros para a frente e se aproxima sorrateiro das focas-monjas adormecidas para verificar se existe algum filhote precisando de etiquetas nas nadadeiras. As informações que os pesquisadores obtêm com as etiquetas ajudam a mapear os ciclos de vida, os movimentos dos animais e o progresso do programa de reabilitação. Virando-se para mim, aponta para uma pequena foca escura bem no final da fila. Focas-monjas trocam de pele a cada ano, e por algum tempo o pêlo novo delas parece de um negro luzidio; aquele provavelmente é um filhote passando por sua primeira troca. Abro o balde branco de etiquetas e retiro uma ferramenta para abrir buracos em cintos de couro, duas joelheiras esfarrapadas, papel e lápis, uma fita métrica, e duas etiquetas de nadadeira de plástico amarelas. A cor diz em que ano o filhote foi marcado, e o número do código significa "French Frigate Shoals". Buracos perfurados na etiqueta também significam o ano, para que, mesmo que a tinta desapareça com a água, a etiqueta ainda seja legível. Uma mandíbula aberta com cerca de 2,5cm de diâmetro, cada etiqueta com um pequeno pinhão numa das extremidades. É um *design* simples, porém engenhoso. Estudo-a para ver qual o lado de cima, que parte entra primeiro e como a parte seguinte deve entrar. Segurando uma etiqueta no ar, ensaio a melhor ação do pulso para forçar o pinhão pelo buraco perfurado e enfiar o dispositivo no lugar. Será que posso segurar a etiqueta com ambas as mãos para puxá-la com força, se necessário? Posso. Deslizo sobre as joelheiras e amarro um sarongue azul na cintura; a areia do coral deixaria minha pele em carne viva num instante. Então, penduro a etiqueta da nadadeira direita no lado direito de minha cintura e a etiqueta esquerda no lado esquerdo. Quando a ação começa, enfio-a debaixo do elástico da perna de meu maiô, deixando alguns centímetros de fora para poder pegá-la com rapidez.

Ok! Aceno com a cabeça para Gil e coloco-me atrás dele. Silencioso e alerta, ele se agacha como um predador e se esgueira bem para trás da foca, monta decidido nas costas dela e agarra suas bochechas com ambas as mãos. Acordando com um balido alto e gorgolejante, a foca começa a rolar e estremecer quando corro, ajoelho-me atrás de sua cauda e tento pegar as nadadeiras gêmeas que se debatem com tamanho estardalhaço, que é difícil distinguir a esquerda da direita. Agarro uma no meio do ar e aperto-a bem contra a areia enquanto a outra bate em meu rosto. Faço deslizar a furadeira ao longo da membrana entre o primeiro e o segundo dedos, encontro um ponto bom e o aperto com força; nada acontece. A foca luta e reclama. Então, apoiando todo o meu peso nas mãos, torno a empurrar e desta vez ouço o clique de metal sobre metal e sei que o furo foi feito. Retiro-a. A foca me atinge bem na cara com a nadadeira, levando areia e sangue de minha testa para a boca. Rapidamente, agarro a nadadeira esquerda, pressiono-a na areia para me orientar, encontro a membrana do dedo interno, deslizo a furadeira cerca de quatro centímetros e pressiono novamente com todo o peso de meu corpo, com muito esforço. Por fim, o clique de metal contra metal. Se essa foca fosse parte do estudo recém-iniciado do DNA, eu guardaria o pedaço de pele para a análise genética.

— Como está indo? — pergunta Gil lá da frente. Montado nas costas da foca, ele não chega a estar sentado em cima dela, mas a encurrala com suas pernas compridas, prendendo as nadadeiras frontais com os joelhos. Agarrando as bochechas dela, ele mantém longe os dentes afiados da foca, o que também faz com que a foca se mantenha orientada de barriga para baixo.

— Nas etiquetam — grito de volta, no instante em que ambas as nadadeiras se erguem e me atingem no queixo, e depois me dão tapas na cara da esquerda para a direita, o que me nocauteia e me derruba. Volto, arrastando-me, ao mesmo lugar, espantada com a força da pancada das nadadeiras. Cada uma tem cinco dedos, que podem se abrir até 30 cm de largura ou se fechar como um bastão de beisebol. Ambas são comandadas por um único e poderoso músculo na base da cauda, músculo esse da espessura de um braço humano. Agora as nadadeiras batem e rolam como alguém fazendo uma bola de neve, e é difícil distinguir a direita e a esquerda. Agarro uma, achato-a na areia, confirmo que é a nadadeira direita, pego a etiqueta de meu lado direito, puxo seu pinhão pelo buraco perfurado e arrasto a pequena dobradiça em forma de uma prancha de surfe atrás dela. Enquanto procuro dobrar a etiqueta, de modo a fechá-la, a nadadeira dança no ar. Por fim forço a etiqueta em seu lugar e me certifico de que ela esteja segura.

— Uma pronta! — grito para Gil. O suor começa a correr por meu rosto, arrastando areia e sangue com ele. O pêlo molhado tem um cheiro doce de giz. A foca reclama com um gorgolejo alto, grosso e forte enquanto puxo a derradeira etiqueta da cintura e começo o trabalho na segunda nadadeira. Apenas alguns minutos se passaram, mas eles foram longos e cansativos.

— Duas prontas! — aviso a Gil. Arrancando fora a fita métrica, deslizo uma das extremidades por baixo dele e a ponho em sua mão direita para ele levá-la até a ponta do nariz da foca; puxo a outra extremidade para a ponta da cauda. — Um trinta e cinco — grito. Ele repete o número. Então pego a fita métrica e vou até o lado direiro da foca, que me olha desconfiada: olhos pretos enormes, bigodes longos e duros. Ela tem uma fissura no focinho como um gato ou um lhama, e um tom creme suave. Seu gorgolejo ressonante parece vir de muito longe e por meio de uma câmara de eco.

— Debaixo das nadadeiras! — pede Gil. Tomando cuidado com os dentes, deslizo a fita métrica debaixo do queixo e do peito da foca, e sobre as costas, logo atrás das nadadeiras.

— Um-zero-nove-ponto-cinco.

— Pronto — diz Gil, descendo da foca. Ela rola para o lado,

encarando-nos, e dá uma patada no ar com uma das nadadeiras. Vemos quatro pequenos mamilos na metade inferior de sua barriga castanho-clara e uma dobra vaginal bem debaixo da cauda.

Fêmea. Um filhote precioso. Uma grave ameaça às focas-monjas é a pouca quantidade de fêmeas: são muito poucas para que a espécie floresça. Esse desequilíbrio prejudicou tanto o equilíbrio da Natureza, que os machos estão recorrendo a um comportamento bizarro e destrutivo. Em duas das ilhas de maior procriação, onde o número de fêmeas é excepcionalmente baixo, ocorre um fenômeno terrível chamado de "aglomeração". Até 20 machos atacam e tentam copular com uma fêmea. Isso pode levar várias horas, e nesse meio tempo eles cortam as costas da fêmea, arrancando a pele, rasgando a gordura até o músculo, em alguns casos até mesmo expondo a espinha. Combalida, a fêmea morre (dos ferimentos ou do ataque de tubarões).

Chamam isso de aglomeração, como se não fosse mais doloroso do que uma manifestação política ou uma reunião pacífica de cangurus. Tortura e brutalidade se escondem por trás desse eufemismo. Como a Natureza não dá nem espera misericórdia, freqüentemente descobrimos que os naturalistas já estão acostumados à violência. Nossa primeira diretriz é não nos intrometermos e deixarmos a Natureza seguir seu curso. Uma gaivota rapineira tem filhotes que precisam de comida, assim como um pingüim. Mesmo assim é doloroso ver uma delas matar um filhote de pingüim a bicadas e rasgar suas entranhas. Quando vi isso acontecer na Antártida, senti como que se alguém arrancasse um cabo de aço ligado direto a meu coração. A Natureza é de fato "vermelha em dentes e garras", como sentenciou Tennyson. De todas as qualidades que nos definem, piedade, misericórdia e compaixão estão entre as mais notáveis. Às vezes, ouvimos falar de animais de estimação sendo solidários ou de golfinhos salvando humanos que estão se afogando, mas quem conhece os motivos dos animais? Como observou a especialista em golfinhos Karen Pryor:

"Talvez nunca tenhamos tido conhecimento das pessoas que os golfinhos levaram para o fundo do mar."

Acho especialmente perturbador que, em todo o reino animal, embora diferentes espécies apresentem variações em seus rituais de acasalamento, a violência contra as mulheres seja a regra. Mesmo entre nossos parentes mais próximos, os chimpanzés, fêmeas que se recusam a fazer sexo com os machos podem ser mortas. Na Patagônia, vi uma enorme foca macho atacar uma fêmea atrás da outra ao longo da praia. A cada ataque, rasgava o pescoço da fêmea, que sangrava muito e urrava de agonia; então ele esmagava as nadadeiras dela com seu peso, enquanto a copulava, e rolava sobre seu filhote, matando-o.

A evolução pode se tornar uma mãe cruel e impiedosa, cujo comportamento extremo pode ser deflagrado pelo menor desvio circunstancial. De todos os riscos que afetam as focas-monjas, o mais difícil de superar pode ser seus próprios instintos impetuosos. As focas-monjas fêmeas não seriam chacinadas normalmente durante a cópula; somente porque existem tão poucas, a espécie está sendo exterminada por machos enlouquecidos. Uma quantidade extra de filhotes fêmeas resolveria o problema. Mas como? Ao contrário dos crocodilos, que podem saber o sexo de sua ninhada pela disposição dos ovos no ninho, as focas são escravas do acaso. Por isso cada foca-monja fêmea precisa ser protegida. A aglomeração é um problema tão grave, que o Monk Seal Project iniciou um programa de tratamento para acalmar os machos. A idéia é baixar o nível de testosterona dos agressores mais violentos. No Sea Life Park, em Honolulu, a curadora de animais marinhos Marlee Breese supervisiona uma experiência com quatro focas-monjas machos adultas, a quem ela se refere como "CRAMS".* Se a experiência funcionar, ela irá acalmar os machos

* "Convicted Rapists and Murderers": "Estupradores e assassinos culpados". (N. T.)

mais perigosos por tempo suficiente para trazer a taxa de machos e fêmeas de volta ao equilíbrio.

Afastando-nos para uma distância adequada, ficamos olhando o filhote recém-etiquetado rolar na areia e voltar a tomar sol como se nada tivesse acontecido. Gil está satisfeito em encontrar um gordo filhote fêmea, sadio e cheio de vida.

— Como sabe quais machos tratar? — pergunto, ao colocarmos o equipamento de etiquetagem de volta no balde branco.

— É importante que não tratemos os machos procriadores dominantes — ele explica. — Os machos dominantes provavelmente dão às fêmeas alguma proteção contra os grupos de ataque compostos dos machos mais jovens. O programa parece estar funcionando nos animais testados. O próximo passo é iniciar o trabalho com a droga e tratar cerca de 60 animais em Laysan, uma das duas ilhas onde a aglomeração ocorre de maneira mais intensa.

Tremores do tamanho de uma moeda de meio dólar tomam a forma de pequenos funis, e percebo que filhotes de tartaruga verde estão se contorcendo em algum lugar lá embaixo, abrindo caminho lentamente através de seu ninho profundo. Esta noite eles se libertarão e começarão uma longa peregrinação até a água. Três pesquisadores em Tern Island verificam regularmente as ações dessas espécies. Quando encontram um ninho de filhotes aprisionados ali em East Island, escavam-no com cuidado e levam as tartarugas para Tern para serem soltas à luz da lua. Abrindo caminho por entre as crateras de tartarugas e ninhos de pássaros, piso numa pequena bóia de pesca e afundo bem no ninho de uma pardela, caindo de joelhos.

— Quem puxou a cordinha? — pergunto.

Depois de sair do buraco, ajoelho-me ao lado dele, afasto a areia ao redor e olho cuidadosamente para dentro, caso algum filhote tenha ficado preso; felizmente, o ninho está vazio. Bill concorda, pensativo. A ilha é um labirinto oculto de habitações de pássaros e tartarugas, e ele precisará proteger suas câmeras se cair. A distância, East Island parecia lisa como um equinodermo, mas suas dunas suaves se elevam a uma altura suficiente para ocultar focas-monjas adormecidas; ao continuarmos nossa caminhada, deparamos com outras mais, deitadas pacificamente no quebra-mar, sempre de frente para o oceano. Estariam de guarda? Será que se orientam resguardando-se de tubarões? Ou será que uma foca gosta da sensação das ondas batendo nos bigodes, turbilhonando ao redor do focinho, enchendo o nariz de espuma? Ao contrário de outras focas, que tendem a se aglomerar em multidões, as focas-monjas não formam grupos grandes. São mais eremitas (por isso seu nome) e ficam sozinhas. Deitadas paralelamente na praia em intervalos regulares, parecem separadas por uma força invisível — uma espécie de magnetismo invertido. Hoje, as focas ocupam todas as praias, mas na primavera as mães cuidam principalmente do lado sul da ilha, onde as águas são rasas. Tubarões-tigres de 3m a 3,5m patrulham a água do lado norte, que bate na cintura, à procura de filhotes de foca ou pássaros perdidos. A primavera é a estação de nascimento dos albatrozes, e os tubarões ficam esperando que filhotes ingênuos pousem na água para levá-los para o fundo.

No final de East Island, aproximamo-nos da alta e fina torre Loran C, que se destaca como um pára-raios. Pendurada nela, uma placa azul e branca diz: "Refúgio Nacional da Vida Selvagem." Como pode um trecho de areia tão pequeno ser um refúgio? Do que exatamente as focas, as tartarugas e os pássaros estão buscando refúgio? De predadores? Das mudanças nos planos da evolução? De nós? Será que nos tornamos tão ameaçadores, que levamos outras criaturas a esconderijos tão inadequados? Alguns dos animais mais raros da Terra sobrevivem apenas no pequeno claustro de um atol oculto, ou no refúgio denso de uma floresta localizada em terras altas, ou na fortaleza rochosa de um vulcão ativo.

Num soneto escrito para uma pessoa amada, *sir* Thomas Wyatt lamenta: "Eles fogem de mim, os que às vezes me procuravam." Será que eles agora fogem de nós, animais que um dia compartilharam nossas praias e savanas? Ou, pensamento igualmente preocupante, será que já exterminamos a maioria dos animais ao nosso alcance, poupando apenas os que habitam paisagens remotas?

As ilhas de French Frigate Shoals não parecem um refúgio. Na verdade, elas próprias parecem necessitar de cuidado e proteção. Talvez não saibamos bem o que é exatamente um refúgio: não tanto um lugar, mas uma intenção, uma necessidade. Uma criança que sofre abusos pode encontrar refúgio com os avós. Um soldado da resistência pode encontrar refúgio dentro de um celeiro. O refúgio é realmente emblemático para uma proteção imprescindível. A extinção desses animais cessaria aqui — assim deveria ser — neste pequeno bote salva-vidas de areia. Não porque a ilha ofereça muito abrigo, mas porque a curva descendente para a extinção que esses animais estão experimentando deve parar em algum lugar. Por que não aqui?

Abaixo do sinal de refúgio, encontra-se uma caixa de madeira branca com uma trava. Abro-a. Alguém afixou nela um poema — "Ande com Cuidado" — para celebrar a condição sacrossanta do lugar. Do lado de dentro da porta, fotografias mostram a base original da guarda costeira. Besourinhos correm sobre as fotografias, e por um momento a base parece vir à tona viva. O esqueleto branco de uma aranha bate contra a dobradiça. Outras provas da existência da base ainda atulham a ilha: carcaças de cobre azulado de maquinaria semi-enterradas na areia, contêineres, uma pilha de destroços de concreto. Embora esses refugos provavelmente não incomodem as focas, são uma monstruosidade. Sempre que Gil visita East Island, pega um tijolo e o joga no mar. Serão necessárias eras para se livrar do lixo a esse passo, mas a Natureza não tem pressa; por que ele deveria ter? Com o tempo, seu plano dará certo.

Ele também coleta restos de anzóis na praia porque filhotes brincalhões de focas-monjas muitas vezes ficam presos neles.

Um abotá mascarado passa voando e o oceano reflete um azul-claro sobre seu peito enquanto ele flutua e pousa perto de duas mães focas junto a seus filhotes de três semanas de idade. Esperando nos baixios, outra mãe chama seu filhote, que espirra, e o bebê em resposta bale num registro ligeiramente mais elevado, e em seguida entra na água e corre para ela, rápido como uma lontra. Focas-monjas emitem sons esquisitos — de gemidos gaguejantes a sons que lembram trompetes — com mães e filhotes compartilhando o maior número possível de chamados. Algumas focas possuem pequenos trechos de pêlo alourado, que reluzem à luz do sol. Ninguém sabe ao certo como essas curiosas marcas evoluíram, mas elas ajudam a identificá-las. Será que um dia existiram focas-monjas louras ou até mesmo pintalgadas?

— Nossa, olhe só aquilo — diz Gil, estremecendo. Acompanho seu olhar e vejo um filhote sem as nadadeiras de trás. Um tubarão arrancou-as, deixando apenas um toco vermelho grosso.

— Deus, espero que não seja fêmea — observa Gil. — Se for, vamos ter de pegá-la, colocar um torniquete na cauda, carregá-la até o barco, levá-la de volta a Tern e colocá-la num avião para Honolulu. Talvez ela possa ser tratada lá e usada para reprodução.

O Sea Life Park, em Honolulu, já tem seis fêmeas em seu programa de reabilitação. Há 10 anos, pesquisadores descobriram que focas-monjas praticam a “adoção”. Se duas mães estiverem cuidando de filhotes e eles se perderem por algum tempo, é provável que as mães troquem de filhotes. Ou elas não sabem dizer qual filhote é de quem, ou não se importam. À primeira vista, esse altruísmo pode parecer providencial. Se uma população tem poucos membros, não é mais inteligente que todos cuidem dos mais jovens? Mas, infelizmente, focas-monjas mães não podem continuar cuidando dos filhotes para sempre. Quando ocorre uma troca, um filhote mais novo pode acabar com uma mãe que já esteja criando um filhote mais velho. Essa mãe já estaria amamentando há algum tempo e não teria leite suficiente para dar ao filhote novo. Desmamado cedo demais, o filhotinho não teria condições de se alimentar sozinho. Estes são os animais que o Monk Seal Project leva a Honolulu para engordar. Então eles são soltos onde forem necessários, numa parte de Shoals onde a população for baixa ou o número de fêmeas, pequeno demais. Vinte e cinco fêmeas foram coletadas desde 1984, e 15 voltaram a seu hábitat. As outras 10 morreram.

— Basicamente, de problemas cardíacos de origem desconhecida — explica Gil, ao se sentar numa enorme bóia de pesca azul, equilibrando-a embaixo de si para que não role. — No começo supúnhamos que elas só precisavam de engorda, mas algumas têm problemas de saúde com os quais não podemos lidar. Numa população selvagem, são sempre encontrados alguns animais com problemas de saúde. Quando o grupo é grande, animais doentes não seriam notados; caso contrário, eles são óbvios e assustadores. Um problema com espécies em extinção é sua quantidade ser tão reduzidas, que se torna difícil decidir se uma doença é aleatória e previsível ou se é provocada por alguma nova pressão artificial.

Quando Dale Rice e Karl Kenyon contaram as focas nos anos 50, encontraram aproximadamente 1.100 nas praias de French Frigate Shoals; acredita-se que a população total das ilhas fosse duas ou três vezes esse número, já que as focas não utilizam todas as praias ao mesmo tempo. Uma contagem em 1977 calculou a população total em cerca de 700 animais — uma queda de mais de 50%. Em 1987, foram contadas 474 focas nas praias, sugerindo uma população total de cerca de 1.200. A taxa de natalidade tem continuado a aumentar nos últimos anos, mas ainda é perigosamente baixa e por algum motivo caiu em 1989. Um fato estranho, mas que pode ser relevante, é não existir um termo para "foca-monja" em polinésio, nem a foca-monja aparece nos mitos da Polinésia. Na verdade, pouco se sabe acerca da história delas. Talvez nunca tenham existido tantas focas-monjas no Pacífico Sul. Sabemos mais a respeito da história delas no Caribe, onde Colombo encontrou focas-monjas marrons em sua segunda viagem (em 1494) e as chamou de *lobos del mar*. Em 1707, um viajante das Índias Ocidentais escreveu: "As Ilhas Bahamas são repletas de focas. Às vezes os pescadores pegam cem numa noite." E no Mediterrâneo, até o século XV, havia focas-monjas em quantidade suficiente para abastecer a pesca comercial e dar seu nome a uma cidade grega, Phocaea. Mas quantas focas-monjas as águas do Havaí continham? Havia grandes viveiros delas ou apenas pequenos focos de resistência? Será que sua extinção se iniciou há muitos milhões de anos porque abandonaram a estrutura de haréns que as outras focas acharam tão eficientes? Talvez nunca venhamos a saber.

O que poderia dar mais tranqüilidade do que sentar na areia do coral, enquanto o sol se ergue no céu, as focas-monjas se refestelam e a brisa sopra a espuma suavemente? Por um momento, não há sinal de toda a comoção que acontece para salvar essas poucas focas. Só no Sea Life Park, todos os dias, tratadores drenam a água da piscina das focas-monjas fêmeas, pegam as seis focas que ali estão, arrastam-nas pelas paredes íngremes de concreto, seguram-nas e alimentam-nas com peixes inteiros à força. Filhotes órfãos são novos demais para se alimentar. Pensamos na fome como um *leitmotiv* e *mater* universal, mas os jovens nem sequer entendem que precisam comer e morrerão de fome sem ajuda. No atol de Kure — uma série de ilhas próximas que não fazem parte do refúgio — existe um cercado onde os filhotes são engordados, criados até seu primeiro verão e ensinados a se alimentar antes de serem soltos. Parte do que faz as focas-monjas tão intrigantes para as pessoas que trabalham com elas é apresentarem muitos problemas diferentes. Existem a aglomeração, a adoção, a interferência humana, o emaranhamento em redes de pesca, a relutância de filhotes para se alimentar, as populações minguando em algumas partes da região, mas não em outras. Só esta manhã, etiquetamos filhotes, preparamo-nos para transportar um animal mordido por um tubarão, ficamos de olho em filhotes que ficassem inadvertidamente órfãos pela adoção e vimos uma vítima de aglomeração. Só se salva uma espécie de animal por vez. Não faz muito tempo, focas-monjas foram consideradas dispensáveis. O National Marine Fisheries Service insistia em afirmar que elas eram uma "espécie viúva", como dizem, impossível de salvar: um desperdício de tempo e recursos, em suma. Triste e indignado, John Twiss, hoje diretor-executivo da U. S. Marine Mammal Commission, contra-argumentou intensamente a favor da proteção desses animais ameaçados, ressaltando que vivem "inteiramente dentro das águas dos Estados Unidos". Quando o NMFS se recusou, ele pediu diretamente ao Congresso, que lhe concedeu uma pequena soma, como capital inicial, para o Monk Seal Project. Apenas daqui a alguns anos essa "espécie viúva" terá uma chance maior. Nos anais da extinção, esse é um grande feito. Twiss o considera uma lição objetiva sobre o que pode ser feito com pouco dinheiro, mas muita determinação. Não tem sido uma batalha fácil. O fato de a escassez determinar o valor é uma lei absoluta do comércio. E, infelizmente, isso vale tanto para os animais quanto para o ouro. As focas-monjas têm sido motivo de disputa em tribunais por pessoas de boa e má consciência, de caráter moral bom e mau. Muitos dos litigantes mudaram de time ou mudaram de animal. Mas com algum financiamento, voluntários, novas estratégias e um proponente enérgico em Washington, as focas-monjas estão conseguindo se manter. "É possível que sejamos bem-sucedidos", Twiss me falou um dia. "É possível."

Uma carcaça de foca mumificada, deitada na praia, parece enrugada e desgastada demais para ter sido 200kg de desejo e apetite ou mesmo uma caixa torácica e um sistema circulatório. Logo ela será puxada pelas ondas, estendida na areia, dividida em minúsculos pedaços. Objetos deixados no oceano perdem suas bordas afiadas e se desfazem. Tornam-se mais parecidos com o oceano. Com o tempo, todas as coisas colocadas no mar nele se transformam. O mar é perfeito em certas tarefas, como separar pedras de acordo com o tamanho, mas principalmente no dom de reduzir as coisas a seus componentes químicos, libertando-os do peso da forma e fazendo-os retornar ao fluxo geral do Universo.

Uma foca-monja grande levanta a cabeça, volta um olho para nós, resfolega, põe a cabeça de volta na areia úmida e fecha os olhos. Fico me perguntando o que eles acham de nós, humanos tímidos passeando pelas dunas, ocasionalmente enfiando o pé num buraco de anabela, tomando cuidado para não perturbar o sono deles.

— Terminamos aqui — diz Gil. — Vamos dar uma olhada em Whale-Skate. Recolhendo o equipamento, voltamos ao baleeiro laranja, e Gil distribui amendoins em lata, uma garrafa de água morna e pequenas maçãs ácidas. Recolhendo a âncora da praia, levo-a até o barco; Bill puxa a âncora marinha, e Gil avisa pelo rádio à estação de campo que estamos deixando East Island. A próxima parada é Whale-Skate, a ilha mais ao leste das ilhas do Sul, cerca de seis quilômetros a leste de Tern. Na verdade, são duas ilhas: a rechonchuda e curva Whale e a pequena e semidestacada Skate. Juntas, elas se estendem por apenas 600m; às vezes o canal entre elas, que bate nos tornozelos, inunda ou Skate submerge completamente.

Enquanto abrimos caminho, desviando-nos por entre as cabeças de coral, e finalmente avançamos bem devagar até a margem, um filhote vem saudar o baleeiro laranja, de uma tonalidade tão brilhante, que deve tê-lo intrigado. Deslizando sobre a proa, levo a âncora até a margem, planto-a e volto ao barco. Dando a volta a partir de estibordo, o filhote vem patinhando em minha direção; sento-me até os ombros na água, para parecer menor e menos ameaçadora, pois ele vem sorrateiro, mexendo o focinho e dando uma boa olhada. Por longos segundos, ele olha intensamente, e falo com ele em voz alta (notei que a maioria dos animais se sente mais ameaçada com vozes baixas). Lançando mais alguns olhares para trás, ele vira para agarrar uma das garrafas vazias flutuando a seu lado, joga-a no ar, equilibra-a com o focinho. Este filhote ainda não precisa procurar alimentos, mas nunca é cedo demais para praticar. Para se alimentar, as focas-monjas costumam mergulhar a profundidades de 7,5m a 120m para encontrar uma lagosta espinhenta, batê-la na superfície da água até quebrá-la e então comer-lhe apenas a suculenta cauda. Sua dieta também inclui enguias, lulas, polvos e alguns peixes de recife. Levantando a cabeça como um periscópio — esse é um costume delas — o filhote nos observa e em seguida dá um bom espirro. Os filhotes também têm problemas com parasitas, mas o som que eles fazem é num registro mais alto do que o dos adultos: quando espirram, parece que papéis estão sendo rasgados. Cansando-se de brincar com a garrafa, o filhote torna a nadar em minha direção, desta vez em linha reta, chegando até a âncora, sobre a qual se deita, batendo as barbatanas ruidosamente, até que se chateia e vai embora.

Uma foca mãe berra para seu filhote negro, que berra de volta. Por 40 dias, ela cuidará de seu filhote sem comer. Durante esse tempo, o filhote ganhará cerca de 80 quilos, mas a mãe perderá 160. Por fim, magra e faminta, ela sairá num frenesi alimentar e em seguida encontrará um parceiro. Depois passará de sete a 10 dias trocando a pele, tempo durante o qual tornará a jejuar. Encontramos várias mães magras amamentando em Whale-Skate e alguns filhotes gordos novos para etiquetar. Um deles possui um abscesso grande e irritado nas costas. Tirando uma navalha de seu equipamento, Gil vai sorrateiro até o filhote, passa por cima dele e rapidamente lanceta a ferida para, depois de limpa pela água salgada, possa ser drenada.

A tarde começa a se esvair na direção do crepúsculo quando empacotamos tudo e iniciamos a volta. Refletindo a água rasa, nuvens de fundo verde flutuam sobre nós. Todos os horizontes estão repletos de nuvens, algumas esverdeadas, outras branco-azuladas, envolvendo-nos e dispersando-se bem no alto, onde nuvens mais tênues se estendem. É como navegar através de um planetário. O formato redondo do planeta e a grande cúpula do céu tornam-se óbvios. Logo Tern Island aparece, e deixamos o baleeiro ancorado na noite e vamos para as cabanas tomar banho e jantar.

Do lado de fora da janela de meu quarto, quatro focas-monjas lagarteiam na sombra de arbustos cheios de toleirões marrons. Uma balança as nadadeiras traseiras; outra levanta a cabeça e cospe uma frase em barítono que soa como *bogs on bogs on bogs*; a terceira rola, esticando sua barriga creme cada vez mais e a quarta, irritada com um pássaro, espanta-o com suas garras e depois se arrasta para uma árvore heliotrópia (*Tournefortia argentea*). Um atobá macho assovia, como se tivesse uma péssima formação dentária. Enquanto duas das pesquisadoras cozinham frango ao *curry* para o jantar, tocam uma fita com canções dos Beatles, o que enche as cabanas de harmonias com cantos de pássaros ao fundo. Comemos ecumenicamente, esgotados com as emoções e o calor do dia; então, enquanto a equipe regular se acomoda em poltronas na frente do videocassete para ver *O Enigma do Outro Mundo*, Gil, Bill e eu nos recolhemos aos nossos quartos.

Ao pôr-do-sol, as cabanas vão entrando na penumbra e uma trilha de pequenas estrelas fluorescentes faz um caminho, descendo o corredor, dando a volta na pia e na mesa lateral do banheiro. De repente, as anabelas começam seu lamento — no começo são apenas alguns, e depois chamados urgentes enquanto a noite derrama sua tinta negra sobre os baixios. Na manhã seguinte, visto uma camiseta bem grande e vou até a cozinha, onde encontro Gil fazendo café o meio sonolento. Bill entra logo depois, olhos ainda cansados de sono.

— Dormiram bem? — pergunta Gil. — As anabelas deixaram vocês acordados?

— Eu não — responde Bill. — Parecia milhares de mulheres tendo um orgasmo. Sorri a noite inteira.

Gil dá uma gargalhada. — Essa é nova. E você?

— Também gostei do barulho — replico, vasculhando as caixas de cereal para encontrar algumas que não tenham multidões de formigas.

Bill chega mais perto e sussurra: — Experimente o de trigo; são embalados individualmente. — Tiro um pacote da caixa, derramo seu conteúdo numa tigela, inspeciono-a cuidadosamente à procura de vida selvagem, adiciono leite.

— Não cheguei ao ponto do Bill, claro — continuo —, mas adorei meu quarto. Tem uma andorinha do mar fazendo ninho na janela aberta. E as focas estavam puxando um belo de um ronco.

Gil ri e balança a cabeça. Bill me lança um olhar que diz "olhe ali", e acompanho seu olhar para uma caixa colossal de tampões de ouvido numa prateleira. Tanto a equipe quanto os visitantes parecem achar os ruídos noturnos uma praga. Ainda sonolenta, penso em Boethius, que certa vez aconselhou seus leitores que não desejassem "vinho no inverno", mas que em vez disso ansiassem por coisas invernais. Neste inverno, em Nova York, vou me deleitar com os redemoinhos que o vento faz na neve rodopiando entre as árvores em meu quintal, mas sentirei falta do lamento das anabelas.

Depois do café da manhã, saímos para checar as focas em Tern. Ocultos por trás de arbustos e bem-agachados, viajamos pela ilha como três gatos ladrões. Para onde quer que olhássemos, encontrávamos focas-monjas deitadas: perto dos velhos tanques d'água, debaixo de árvores heliotrópias, na quadra de basquete, enfiadas nas dunas, usando pedras de cantaria como travesseiros, com as nadadeiras da cauda penduradas em ninhos de anabelas. Há um levantar e abaixar gracioso e ondulante no contorno delas, uma geografia suave. Na troca de pele, é como se elas estivessem colocando suas calças velhas, mas ficassem cansados e deitassem para dar uma rápida descansada. Quando os bigodes de uma foca-monja secam, eles se enrolam e formam um bigodão grosso; quando ficam molhados, endireitam-se. Animais mais velhos desenvolvem bigodes grisalhos. Às vezes levantam as nadadeiras da cauda mais alto do que o resto do corpo e as giram num movimento como se torcessem as mãos. Não ficam queimadas de sol, como as baleias costumam ficar, tampouco desmaiam de ficar tantas horas deitadas com suas cabeças inclinadas para baixo. Têm quadris, porém estreitos, e às vezes cruzam suas nadadeiras traseiras, brincam de fazer bolinhos de areia ou juntam as nadadeiras como mãos postas em oração quando dormem. Numa encosta, acham mais fácil se mover enroscando a cauda, formando uma lua crescente com o corpo, deslocando então seu peso até perder o equilíbrio, rolando encosta abaixo até a água. Observamos um grande macho descer a praia num galope lento, amassando com seu peso as delicadas cinco pétalas das campainhas rosadas. Suas entranhas parecem estar se movendo mais lentamente do que a pele.

Maçaricos selvagens andam empertigados ao longo da linha da maré, bicando a areia, e às vezes os bigodes das focas-monjas adormecidas, que acordam lentamente e emitem um som para eles. Filhotes de alcatraz ainda com a penugem do nascimento pendem de seus ninhos ao nível dos olhos como cocker spaniels dorminhocos. Atobás de pata vermelha com bicos azuis nos espreitam com seus olhos aguçados; ao passarmos, fazem o som de cordas de relógios mecânicos. Dando a volta num monte de arbustos, encontramos uma enorme foca-monja com o número

"132" descolorado em seu pêlo (os pesquisadores usam Lady Clairol). Sua boca, curvada como um aro de críquete, ostenta um bigode grosso e torcido, e uma pena branca está presa em seus fios. Arrastando sua barbatana de cinco dedos por sobre o rosto, ela se coça e tira a pena.

Dois filhotes rolam na praia, soltando um ressonante mugido um para o outro. A luz do sol brilha em seus pêlos molhados, pintando em néon por suas costas. Quando o menorzinho rola, sua barriga marrom-acinzentada parece macia como um chapéu fedora. Um único raio de sol, afiado como uma fagulha de solda, brilha sobre o filhote mais velho, preto. Rolam ladeira abaixo até a água e tombam no quebra-mar, deixando-se levar para qualquer lado. Focinhos colidindo, eles surfam as ondas com os corpos. Então um terceiro filhote se junta a eles para flutuar como ameixas escuras nos baixios esverdeados e viscosos. Agora, rolam de costas como lontras e arqueiam suas barbatanas da cauda para fora d'água. Filhotes recém-desmamados adoram brincar assim, mas quando completarem um ano serão menos agitados e mais languidamente adultos.

Um toleirão marrom plana por sobre nossas cabeças, fazendo um perfeito sinal de infinito no ar, enquanto inspecionamos a parede marinha em deterioração. Existem 89 focas-monjas em Tern esta manhã e elas parecem se contentar em dormir na areia, sonhando seus sonhos cinzentos.

Passam-se os dias, levantamo-nos no escuro, vestimo-nos à luz do luar e içamos vela quando o sol começa a colorir o mar de azul. Poucas coisas são mais doces do que a manhã fria e úmida de um dia escorchante no oceano. Voltamos com freqüência a East Island e Whale-Skate, duas das principais ilhas de criação de filhotes, e sempre encontramos novos filhotes para marcar, novos adultos para inspecionar, e, enfim, algo a ocuparmos. A Ilha Desaparecida fica submersa a semana toda. Mas visitamos Gin Island, Little Gin Island, Trig Island, Near Island, Shark Island e a minha favorita, Round Island. Próxima do centro norte da lagoa, a Round fica a quase sete quilômetros a sudeste de Tern e não é fácil de encontrar, já que tem menos de 60m de extensão, e, em seu nível mais alto, eleva-se a somente 1,20m acima do nível do mar. Toda composta de corais e conchas quebradas, a ilha não possui vegetação. Parece um nenúfar flutuando sobre o oceano. Ainda assim, ostenta o maior número de nascimentos bem-sucedidos de focas-monjas por metro quadrado de qualquer uma das ilhas. Cada vez que nos aproximamos, por entre um labirinto de cabeças de coral e bancos de areia, nós a vemos flutuando, pequena como uma arca, a distância, iluminada intensamente pela luz solar, com pelo menos uma dúzia de focas-monjas esparramadas ao sol.

Embora chamemos nosso planeta de Terra, ele é basicamente composto de água. Deveríamos chamá-lo de "Oceano". Isto se torna prazerosamente óbvio ao voarmos por três horas sobre o agitado e incorretamente batizado Pacífico, no caminho de volta para Honolulu. Não adianta tentar apreender o oceano estudando um mapa ou um globo. Qualquer coisa que nossos olhos possam devorar num simples olhar parece pequeno e domável. Num mapa, todo o Oceano Pacífico não parece maior do que uma bola de futebol. Talvez devêssemos julgar o tamanho não com os olhos, mas com nosso sentido de tempo. Como o astronauta Paul Weitz declarou certa vez sobre o Pacífico: "Quando se está viajando a seis quilômetros por segundo e ainda são levados 25 minutos para atravessá-lo, você passa a saber quão grande ele é."

Bem lá embaixo, o oceano desliza como infinitos metros de tecido escuro. Como pode o lugar de nascimento de toda a vida da Terra — um reino de risco, terror, acaso e luz do sol — parecer sem vida e tedioso? Nossos olhos falham quando nos distanciamos. O que ganhamos em perspectiva perdemos nos detalhes indefinidos. Sem os detalhes, nada pode ser conhecido, nem uma flor nem uma criança. Olhando para baixo, a três mil metros de altura, como que por entre as dobras invisíveis da História, tento imaginar o vivo oceano abaixo, que sobe e desce, espuma e borbulha, contém mamíferos e peixes agressivos, grita como um *souk* em Marrakesh. "Malandros" engenhosos assombram seus recifes de coral, ansiosos por iludir viajantes. Grandes e musculosos valentões se exibem em seus baixios e profundezas. Tudo está ali para ser captado. Suas areias borbulham com arraias, linguados, estrelas-do-mar e ouriços-do-mar. Alguns de seus habitantes são tão bem armados quanto assassinos. Outros confiam na proteção das armaduras, nas habilidades atléticas, no sonar ou na ilusão. Baleias e golfinhos cuidam de seus domínios distantes, conversando e cantando. Algumas das criaturas nascem, procriam, dão à luz e morrem sem jamais se mover mais do que um ou dois metros. Outras viajam por metade do planeta buscando de seu suprimento de comida ou anseando por temperaturas mais quentes. Contém vales, rios e grandes cadeias de montanhas, plataformas rasas elevadas, precipícios e abismos. Em alguns lugares existem tetos de gelo; em outros, gêiseres de lava ou colméias de rocha. Não é silencioso, mas todo perpassado por ruídos, repleto de estalidos provocados por animais, gemidos, guinchos e gritos, assim como o incansável ruído da água sendo esmagada contra a costa.

Visto bem do alto, o oceano parece calmo, silencioso e azul — um azul muito turbulento e escuro. O mar parece azul porque reflete o céu, mas é sempre um azul mais escuro do que o céu porque não reflete toda a luz. Parte de sua cor também deriva do leito do mar. No oceano, a luz cai do alto como um túnel de luz descendente. Alguns peixes, lulas e outras criaturas criam seu próprio brilho. Mas, sobretudo, é a luz que cai sobre eles em cascata. Você precisa estar debaixo da pele do oceano, parte de suas profundezas gelatinosas, para encontrar iluminação. Quando olhamos para o oceano, ele parece opaco. Todas suas fascinantes formas de vida e geografia estão escondidas, o que deixa um vácuo mental que rapidamente é preenchido por terrores da imaginação. Por isso, muitos vêem o oceano como uma outra forma da noite. E ainda assim somos também atraídos pelo oceano; gostamos de passar as férias a seu lado, olhando por incontáveis horas seu ir e vir hipnótico. Ele é ao mesmo tempo cativante e narcótico. Um impulso ancestral e osmótico conecta nossos fluidos com os do oceano. Suponho que nos sintamos atraídos por ele porque nós próprios somos pequenos ambientes marinhos em movimento.

Ilhas florescem no horizonte, e voamos direto na direção do centro do arquipélago havaiano. Primeiro passamos sobre Niihau, uma enorme ilha particular que é uma fazenda dedicada à pecuária. Focas-monjas descansam em suas praias, mas os donos da ilha não permitem que os pesquisadores desembarquem para monitorar as focas; portanto, ninguém sabe quantas usam a ilha, de que sexo elas são ou se são saudáveis. Lehua, uma pequena ilha em forma de lua crescente, bóia em sua costa leste. Então aparece a enorme ilha de Kauai, e um pouco mais tarde pousamos em Honolulu.

Depois de uma semana de calma concentrada, por conta dos horários da Natureza, a explosão sensorial de Honolulu nos atinge com força. Dando adeus a Gilmartin, eu e Curtsinger vamos até Kauai e alugamos um barco de mergulho para nos levar a Niihau. Mesmo que não possamos desembarcar em suas praias, somos capazes de avistar focas-monjas além da margem. Depois de uma viagem de três horas por um mar picado, chegamos a Niihau, "a Ilha Proibida", como alguns a chamam, e vasculhamos sua margem norte à procura de focas-monjas ao sul, mas não encontramos nenhuma. Foi uma longa esticada, de qualquer forma. Lehua, crescendo cada vez mais, aparece a 800m em meio ao canal, liso e marrom, com pintinhas brancas de guano. Longos dedos de lava congelada se estendem até o mar. Apenas uma nuvem assombra o céu azul como uma porcelana Wedgwood: uma nuvem oval enorme pendendo bem acima da ilha como uma cicatriz de ferimento de faca. Vamos na direção dos recifes rasos do crescente, para mergulhar de *snorkel* em um dos diversos pontos favoritos dos mergulhadores. Pássaros marinhos cavalgam as correntes termais, e o oceano derrama azul e verde metálicos quando lançamos a âncora no lado sul, a cerca de 100m da margem. No fundo de camadas íngremes e retorcidas de rocha, um casebre depauperado pelas intempéries se destaca numa encosta. Abaixo e à esquerda do casebre há uma caverna em forma de concha, com parte dela sobre a água, tendo uma pequena lagoa à frente. A luz do sol dança como uma chama por sobre o teto da caverna. Colocando máscara e nadadeiras, deslizo pelo lado em seis metros de água e encontro cabeças de coral tremeluzindo com peixes de cores berrantes e lanças de luz do sol. O fundo é um labirinto de rochas de lava cobertas com fendas oblongas onde ouriços-do-mar mastigaram a rocha, usando seus seis dentes.

Indo em direção à caverna marinha, penetro num pequeno turbilhão de água e luz. A espuma bloqueia a entrada da lagoa, onde bolhas sacodem como contas penduradas na porta de um antro de ópio. Passando através da rede de bolhas, encontro uma lagoa mais calma, em forma de tigela, cujo fundo arenoso se revolve 4,5m abaixo. A água é lodosa, espessa e granulada. À minha frente, uma forma grande e cinzenta manobra. Subitamente ela se vira, chega mais perto e pára quase dois metros à minha frente. Olhando-me no olho, uma grande foca-monja com olhos pretos e bigodes grossos. Só Deus sabe o que pode estar se passando em sua cabeça. Talvez algo do tipo: "Que lugar estranho para se encontrar um primata." Observando-me com cuidado, ela pára; mergulha então debaixo de mim, rolando no movimento, volta às minhas costas, encara-me novamente e gira para minha direita. Não parece estar utilizando suas nadadeiras, pois mal movimenta o corpo, mas mesmo assim dardeja a uma grande velocidade. Mais duas focas aparecem da cortina de bolhas, rolando firmemente, juntas. Então outra foca-monja nada embaixo de mim, olhando-me o tempo inteiro, virando o pescoço como uma torre de tiro, nadando para a frente, mas olhando para trás. Rola de costas e nada ao longo do fundo comigo, com as nadadeiras frontais repousando quietas contra o peito, como se enfiadas em bolsos de colete. Parando a três metros de distância, vai à superfície e estuda meu rosto. Então, vira-se lentamente e nada na direção da caverna. Agora o casal brincalhão reaparece, mordendo e caçando um ao outro. Se eu pudesse esfregar meus olhos atônitos, eu o faria, ao ver cinco focas-monjas adultas nadando ao redor da lagoa, à minha frente, às minhas costas, na superfície, abaixo de mim. Que espetáculo deslumbrante. Estou no meio de uma fantasia de focas-monjas. Elas não parecem mais perturbadas por minha presença do que estariam com uma água-viva flutuando acima delas. Penso que, por ter grandes olhos (aumentados pela máscara) e as estar observando, elas não chegam a brincar comigo. Nenhuma das focas tem etiquetas nas barbatanas; portanto, a menos que tenham visto humanos em Niihau, posso ser o primeiro hominídeo que elas vêem. Agora sou capaz de identificar o casal como macho e fêmea. De vez em quando eles vêm à tona e berram alto entre si; então, a fêmea dispara e o macho se junta a ela numa dança subterrânea em espiral. Uma trilha de bolhas se forma atrás deles como caudas de cometa, enquanto giram e deslizam, ocasionalmente virando os pescoços para mordiscar e morder. Antes que eu tenha tempo de pensar, um novo drama se desenrola. Para escapar, a fêmea mergulha num corredor de rochas afiadas, no fundo, apenas estreito o suficiente para caber uma foca. O macho a segue velozmente, morde seu flanco, sua cauda e então tenta alcançá-la pela rocha aguçada. Apertada como uma carta num escaninho, a fêmea puxa a cabeça e a cauda. Finalmente o macho vê uma abertura, agarra as costas dela abaixo do pescoço e a arrasta para fora, forçando-a de barriga para baixo no fundo arenoso enquanto a monta. Subitamente ela fica passiva. Isso só dura um minuto, mas para mim parece anos, enquanto flutuo acima deles, congelada de surpresa. O elemento mais pesado da tabela periódica é a admiração. Até mesmo uma diminuta quantidade dela detém o avanço do tempo. "Estou vendo focas-monjas se acasalando", digo a mim mesma duas vezes, como uma frase completa, porque é um evento raríssimo de contemplar. Já tivera outras oportunidades, mas seus registros foram vagos e incompletos, e eu realmente me sinto com sorte. Provavelmente os filhotes que vi brincando no quebra-mar de French Frigate Shoals, rolando e mordiscando como este casal adulto, estavam praticando a corte. Quando o macho solta a fêmea, ela sai em disparada, e ele vai atrás. Vão até a superfície e um deles emite um protesto curto, gorgolejante, escancarado, ao qual o outro responde com um balido longo e indistinto.

A noite vai cair e a longa jornada de volta para casa será feita melhor à luz do dia; portanto, relutante, mas feliz, nado de volta para o barco. Que profusão de focas-monjas eu vi. Existe algo de sagrado em vê-las, os últimos espécimes de uma raça moribunda de monjas, nadando por cavernas submarinas numa catedral de luz. Quando levantamos âncora e partimos para Kauai, saudamos a caverna submarina que agora considero uma gruta de lua-de-mel. Duas monjas ainda estão nadando em algum lugar lá dentro. Um grande espécime adulto, levantado para as rochas que circundam a lagoa, cochila tranqüilo perto de um filhote. O casal em corte continua a se apertar entre as cabeças de coral. Não param de rolar, fazendo espirais graciosas pela água. Que sua prole floresça e seja de fêmeas. Em pé na popa, à medida que o barco ganha velocidade, fico olhando até a ilha crescente ficar cada vez menor, as focas reluzentes se tornarem indistinguíveis das pedras molhadas e lisas, sua caverna do amor desaparecer, até que restem apenas os indecifráveis gestos do mar.

NA AMAZÔNIA, ONDE O SOL VAI JANTAR

Existe algum lugar na Terra que incendeie a imaginação como a Amazônia? Quando pequena, uma exploradora em miniatura, eu sonhava em ver seu reino de cipós espessos, cobras, lindas flores, jaguares furtivos, índios cobertos de penas, rios repletos de piranhas e luxuriante selva verde. Foram necessários 30 anos para esse sonho se materializar em todo o seu exuberante esplendor. Mas, a essa altura, o enorme ecossistema da Amazônia estava ameaçado. O tempo que passei atravessando o Amazonas foi uma experiência estonteantemente sensual e profundamente espiritual. Havia tanta vida em cada nível, que meus sentidos quase ficaram feridos com essa overdose. *Como poderia ser diferente, vendo a Natureza em sua forma mais luxuriante, fervilhante e selvagem? Era como entrar no Jardim original.*

No Dia das Bruxas, deitamos âncora em Altar do Chão, no Rio Tapajós, um lindo rio de águas claras, um dos afluentes do Amazonas — tão longo, que não é possível ver o outro lado, apenas o estremecimento de sua pele cinzenta e o azul suave do horizonte. Uma praia que lembra uma cimitarra branca varre uma península, e sapinhos pulam perto da linha da maré. Caminhando pela floresta próxima, encontramos enormes pedregulhos de arenito com faixas cor de lavanda; uma floresta de seringueiras, cultivadas pelo látex que delas escorre; e uma árvore de breu, cuja resina, prima do frankincenso e da mirra, emana fragrância e queima de forma lenta e aromática. Ao nível dos olhos, numa árvore fina, está o topo de um pequeno crânio descolorido. Levanto-o, observo mais de perto os dois incisivos pontiagudos e ofereço-o a David, um ecologista despojado, que se juntou à equipe de ciências de nosso cruzeiro depois de uma expedição botânica de dois meses no interior da floresta tropical. É alguma espécie de carnívoro, mas qual? Gato? Cachorro? Lontra? Algum animal da família do guaxinim? Na parte de trás do crânio, um pequeno e perfeito buraco de bala leva de um mundo a outro. Quando David encontra a mandíbula na grama ali perto e forma o conjunto, seu rosto se ilumina de alegria: ele coleciona crânios. E o crânio é de uma preguiça.

Logo lanchas começam a chegar da nau capitânea com material para um churrasco de peixe, salsicha, carne, *ratatouille*, batatas, arroz, até *chutney* de manga. Um dos membros da tripulação, um filipino, pega seu violão, e um pequeno grupo de homens e mulheres começa a cantar em Tagalog. À medida que o sol se transforma em vermelho-caramelo por trás de nuvens rosa e lavanda, as pessoas vão se juntando ao redor de uma fogueira cujas chamas colossais fazem o som de toalhas molhadas sacudindo ao vento. Depois do jantar, alguns de nós — eu inclusive — pegam equipamento de mergulho e uma lanterna submarina, e nadamos na escuridão no leito do rio. Exceto por uma ou outra arraia, não há nada para se temer muito na água fresca e morna enquanto procuramos peixes, camarões e conchas. Enguias pequenas deslizam pela areia, escavando trilhas sinuosas. Outras criaturas deixaram hieróglifos, mas não conseguimos lê-los. Submergindo com equipamento de mergulho, bebo lentamente um bocado da água do rio, saborosa, com um gosto leve e suave, como que misturado com jacintos. No brilho da lanterna, uma pequena vela marrom petrificada entra em foco: um enorme marisco deitado na borda da areia. Alimentando-se no fundo do rio, parece um iate de partida para a corrida mais lenta da terra. Quando desligamos a lanterna, podemos ver a lua afiada como uma pedra de amolar retorcendo suas facas brilhantes através da água e jogando sobre as ondas pequenas guirlandas de luz. Estrelas começam a flutuar no alto e lançar sua chuva de prata na água.

Mais tarde, deitada na cabine estreita, meus pensamentos começaram a percorrer a semana anterior. Por sete dias estivemos atravessando um rio que se estende não só em quilômetros, como também no tempo e na imaginação. A Região Amazônica é a maior floresta tropical do mundo. O rio drena 20% de toda a água fresca do mundo para o mar. Em nenhuma outra parte existe tanta vida por quilômetro quadrado. Cinqüenta mil espécies de plantas e fungos, 1/5 das espécies de pássaros do mundo, três mil espécies de peixes (10 vezes mais do que em todos os rios da Europa juntos) e milhões de espécies de insetos dividem suas camadas emaranhadas. A maior cobra do mundo, a sucuri, e o maior besouro, o dinastes, vivem aqui, junto com outros gigantes. De sua riqueza, extraímos o cacau (para o chocolate), a borracha, o quinino, castanhas, chicle (para goma de mascar) e uma série de remédios para o coração e drogas anticâncer. Mas as florestas tropicais estão sendo destruídas à razão de cerca de 150 mil quilômetros quadrados por ano; a menos que alguma coisa seja feita, tudo isso desaparecerá antes que eu morra.

Iniciamos nossa jornada nos pontos distantes do rio, navegando com a corrente mediante uma visão carnal da Natureza, verde e radiantemente renovadora, aproximando-nos a cada dia dos delírios civilizados da vida do século XX, os empórios *duty-free* de Manaus, lá distante os carnavais de néon do Rio de Janeiro. O rio flui somente em uma direção, como o tempo, e parece não ter interrupção. Mas de perto é que se descobre uma superfície ligeiramente emplumada, uma plumagem em que existem pequenos olhos d'água, corredeiras e remansos — assim como o tempo. A maioria dos brasileiros vive na parte civilizada do país, não no caos selvagem que habita o coração do Brasil.

Além do líder da expedição, Iain Prance, um botânico de renome mundial — diretor do Kew Gardens, de Londres —, existem outros naturalistas, e Mo Fortes, relativamente famoso guia amazônico que cresceu numa das aldeias à beira do rio. Todos os dias nos levantamos cedo, geralmente antes do nascer do sol e entramos em lanchas rápidas para ouvir a Floresta Amazônica despertando; percorremos os afluentes; visitamos aldeias indígenas para fazer comércio, ver danças; o médico de nosso navio atende os doentes e deixa remédios; conversamos com a gente do rio; e minha atividade favorita: fazer caminhadas para dentro da floresta densa, sob tetos efervescentes de vida. Começamos no

Peru, passamos rapidamente pela Colômbia e estamos agora no coração do "Brasil, onde o sol vem jantar", como escreveu John Donne, e o sol equatorial devasta corpo e alma. Não parece sol de zona temperada, cujos raios, devido à inclinação da terra, batem em um ângulo agudo, têm de passar por um bocado de atmosfera e, ao atingirem o chão, já se dispersaram um pouco. No Equador, o sol brilha bem em cima de você, como uma lâmpada incandescente, concentrando sua energia num espaço menor. É possível pegar uma queimadura com roupas leves, e a noite não amaina: ela cai direto em cascata, uma cortina de veludo negro desabando.

Certa manhã, Iain retornou do vilarejo Ticuna local com uma história estranha. Quatro pessoas haviam morrido misteriosamente na aldeia naquela semana, e os habitantes estavam de luto. Iain ofereceu suas condolências, bem como nós. Estávamos levando para eles um gerador consertado e um estoque de remédios. Eles nos receberam calorosamente, mas explicaram que não era um momento de alegria. Uma comunidade de duas mil pessoas faz parte da tribo mais populosa da Amazônia (cerca de 70 mil). São pequenos e têm as maçãs do rosto afiladas, mas fora isso os traços são suaves, cabelos pretos escorridos amarrados para trás com barretes e fitas, e um sorriso surpreendente: eles afiam os dentes para imitar piranhas. Famosos por suas artes, eles nos mostram esculturas de animais em cujas linhas simples e resina brilhante brilha uma candura e uma alegria inconsciente. Seria arte *naïf**? Se for *naïf*, é maravilhoso. As crianças costumam amarrar cordas nos animais esculpidos e arrastá-los pelas ruas para brincar. Havia uma certa confusão quanto às pessoas que morreram. Elas foram envenenadas por uma planta da floresta. Mas foi acidente ou suicídio? A taxa de suicídio é muito alta entre os índios aqui, como em toda

---

* Literalmente, "arte ingênua": estilo que se caracteriza pelos traços simples, sem uma técnica aparente. (N. T.)

parte. O rio é sua casa, mas é também um deslizar rápido para o século XX. O chefe daquela aldeia sabe como usar o dinheiro que ganha dos turistas, gastando-o com remédios, escola e outras necessidades da aldeia. Uma das primeiras coisas que eles desejam é luz elétrica. Quando os barcos passam, estão cobertos de luzes. Os aldeões querem que as pessoas nos barcos vejam luzes na margem do rio e saibam que ali existe uma cidade, um povo estabelecido. É difícil saber o que pensam de nós. Achamos seus modos estranhos, mas para eles provavelmente somos outro componente natural de seu ambiente, com suas próprias regras, tabus e dramas privados. Somos gigantes de rostos macilentos que preferem viver em salas frias, que se vestem com roupas de manga comprida na selva quente e estão sempre se esborrifando com cheiro de pinho e hortelã, e cujos rostos ficam vermelhos como peixe cozido depois de uma pequena caminhada. Somente adultos de nossos barcos os visitam. Eles dizem: "Deus do Céu, a cultura de vocês é muito estranha. Ninguém em sua cultura tem filhos?"

Numa das casas, um homem traz para fora seus utensílios, incluindo duas tartarugas de pata amarela vivas, cujas cabeça e cauda foram forçadas para dentro das conchas e mantidas ali com varas de pau. Dentro da concha, as tartarugas pareciam caramujos gigantes. Poderiam conhecer esse tormento por semanas ou meses, aguardando a panela. Então, compramos as duas tartarugas para soltá-las a uma distância segura rio acima. Aqui não há partes à venda. Em Belém, descendo o rio e mais perto do espaço dito civilizado, encontramos vulvas e pênis de botos à venda no ver-o-peso. Mas, na maior parte do rio, os botos são protegidos por mitos complexos, e ninguém os caça. Como as míticas *silkies* da lenda escocesa, dizem que os botos saem para a margem e ocasionalmente fazem amor com as moças. Então dizem que um filho ilegítimo é filho de um boto, e se você matar um boto pode estar matando seu próprio pai.

Na mesa a meu lado está um bule de chá quente feito amassando e colocando em infusão a *casca preciosa*, parente perfumada do sassafrás. Tem um buquê que perfuma a boca, os cabelos, o ambiente, e invade o rosto quando se bebe. Provando seu narcótico doce e com cheiro de violetas no momento em que os raios começam a rondar atrás da península, deixo-me levar por um rio de sonhos.

Na luz do começo da manhã, partimos em nossas lanchas, e logo passamos por uma mulher sentada no tronco de seiva cáustica, chamado de assacu, para lavar suas roupas no rio da maneira antiga, embora use uma escova de plástico do século XX, que provavelmente comprou de um dos vendedores itinerantes que viajam rio acima e abaixo, vendendo sal (usado para secar peixe) e outros objetos e artigos domésticos. Um louva-a-deus entra no barco. É um inseto pequeno, marrom e branco, com olhos esbugalhados, chifres nas costas e longas antenas vibrantes na frente. Sua postura angulosa é bonita, aprumando suas patas compridas e fazendo gestos lentos e conscientes. Peixes pulam na água, fugindo de predadores. Que fuga perfeita: atirar-se direto em outra dimensão da realidade, como fazem os peixes voadores, e subitamente se encontrar em outro tempo e lugar. Três garotinhas enfileiram-se sentadas numa canoa de casca de árvore, dão sorrisos super-radiantes, levantam-se de repente e pulam na água. Um homem na margem segura um par de binóculos e nos observa, enquanto a exótica tribo primitiva desenrola loucamente ponchos coloridos de suas mochilas e os veste porque a chuva começou a cair como uma muralha de borracha. As crianças vão brincar nos baixios; os adultos continuam a nadar, lavar roupas, consertar seus barcos e redes. É apenas chuva. Esta é uma floresta tropical. Buracos nas margens, feitos por bagres em abril ou maio, quando o nível da água sobe até 10m de altura, fazem a lama parecer um condomínio de viveiros de pássaros. Em algumas das árvores mais estreitas é possível ver a linha escura da água, e muitas árvores têm sistemas de raízes grandes, expostos para agarrar diretamente nutrientes da cheia da estação.

Em uma árvore alta e encorpada, uma dezena de ninhos pendentes pertence a oropêndolas, pássaros que têm uma relação simbiótica com uma série de animais. Gostam de construir os ninhos em árvores onde existem ninhos de vespas para que estas, que atacam moscas de berne parasitas, afastem-nas dos filhotes. As oropêndolas também permitem que os anus depositem ovos em seus ninhos para que os filhotes de anu, que nascem de olhos abertos, também comam as moscas de berne. O canto de sereia da oropêndola é tão complexo e mavioso, que os habitantes do rio muitas vezes constroem suas casas sob uma árvore habitada por oropêndolas. A música começa com um som como que umedecido, em dois estágios, um som ondulado e líquido, parte pulsar, parte sintetizador Moog, e termina com o som de uma debutante dando beijos debaixo d'água. "Birds of Colombia", de Steven Hilty e William Brown, classifica-o como "III-iii-D'D'Cloc-agugu", mas existe uma síncope melodiosa nos últimos estágios do canto que é sedutora e mágica.

Atrás da lancha, a onda faz uma perfeita borboleta branca, asas estendidas e delineadas na espuma. O motor de 40 HP ronca feito uma serra, e sua lâmina corta o reflexo das árvores na água marrom opaca, enquanto vasculhamos a margem à procura de pássaros, mamíferos e plantas incomuns. Ao longo da margem, encontramos troncos esperando a maré alta para seguir viagem até os moinhos, onde serão amarrados juntos numa grande jangada. Uma fatia de luz divide a água a cerca de 10m de distância, como se uma cortina tivesse sido escancarada, e então um boto cor-de-rosa emerge e mergulha de volta por entre sua janela. Dou um suspiro de espanto: como o boto, tomo apenas um pouco de ar. Subitamente mais quatro botos sobem num arco à nossa frente, e um deles emerge bem ao lado do barco com uma respiracão curta e explosiva. Perto da baleia ancestral, esses botos e seus parentes platanistídeos são freqüentadores do Amazonas, do Ganges e do Yang-tsé. Em seus focinhos há pequenos bigodes táteis para sentir a comida. Na margem do rio, uma garça listrada fica de costas para o sol para poder caçar em sua própria sombra. Uma mariposa-esfinge marrom com um corpo laranja brilhante plana baixo ao nível dos olhos, seguida por uma garça, flutuando lenta como um pterodáctilo com um longo pescoço ondulante: uma aparição do mais puro branco.

Avistamos uma árvore com topo de borlas, a *Triplaris*, que possui raízes ocas habitadas por formigas de picadas cujo veneno provoca a sensação de arames incandescentes enterrando-se na carne. Lianas pingam das árvores, ancorando em tantos lugares, que se torna difícil ver onde os cipós começam e terminam. O rio marrom borbulha gentil; peixes saltam, as bocas abertas. Ouvimos o som de um cangulo, em seguida o chamado baixo e lamuriento de um pássaro imitando um ruído de hélice. Uma nectarínia pisca os grandes falsos olhos de suas asas. Árvores, imersas em cipós cheias de folhas, parecem os pés cheios de penas de enormes corujas. Um martim-pescador emite um som igual ao de um bonequinho emborrachado de uma criança. É de manhã cedo na Amazônia, e os pássaros cantam seus hinos territoriais. Não têm a intenção de ser bonitos. Não podem evitar. Um mico caiarara (tocador de realejo) move-se pelo topo de uma árvore, provando frutas e jogando fora o que não lhe parece bom, como alguém testando bombons de chocolate. O som de dedos arrastados por um tubo interno de borracha vem de um pássaro.

Quando nos aproximamos de um pescador e seu filho numa canoa de casca de árvore, David chama em português: — Bom-dia, senhor. Como vai? Pegou muitos hoje?

O homem sorri, faz um gesto para o fundo do barco, onde peixes recém-pescados estão deitados numa poça d'água. — Bom-dia — responde.

— O pessoal quer dar uma olhada nos peixes, se for possível — pede David, num subjuntivo respeitoso e educado, por conta do desejo coletivo de nosso barco, "o pessoal", como ele menciona.

O homem sorri e manobra o barco vacilante para perto do nosso.

— O senhor se deu bem esta manhã, hein? Aruanã, peixe cascudo, curimatã, piranha. Seria possível mostrar aquele peixe com língua de osso ali?

O homem levanta o peixe comprido e brilhante nas mãos. O rosto vincado de rugas parece muito com o de um tibetano, um lembrete de que ele tem genes de mongóis e muitos outros povos.

— Obrigado — diz David, abrindo a complexa e fascinante boca do peixe, cuja língua é um osso fino. Peixes de língua de osso gostam de comer fezes de macacos e geralmente ficam esperando debaixo das árvores onde os macacos vivem. Então, David pega um bagre-cascudo, que tem um nariz de pá, estranhas pupilas na forma da letra grega ômega de cabeça para baixo, longos apêndices sensoriais farpados no rosto e lindas listras pretas. A seguir, David abre o estômago de uma piranha-acaju do velho e esfrega o dedo em seu conteúdo para revelar que contém principalmente escamas de peixes. A piranha mordisca outros peixes para se alimentar. Não é por opção que se tornou o voraz carnívoro de histórias góticas e filmes de monstro a menos que tenha o seu suprimento de comida normal cortado e esteja faminta, como poderia ser o caso num pântano ou lago isolados, ela contenta-se em mordiscar escamas de peixes. David entrega o peixe de volta ao pescador, que oferece generosamente alguns para levarmos conosco se quisermos.

— Não, obrigado. É muito gentil de sua parte — retruca David. — Estamos felizes em poder vê-los e aprender sobre a vida do rio. Mas, se não fosse muito trabalho, gostaríamos de ver o modo como ele usa sua rede para pescar.

O rosto do homem se ilumina com o orgulho de compartilhar seu ofício. Então, pega a rede como se fosse uma saia de cânhamo amarrada com pesos de chumbo, segura uma ponta na boca e joga-a numa teia de aranha arqueada sobre a água, e a observa afundar nos baixios onde os peixes ficam na espreita. Existe certo fascínio na forma que a rede assume no ar, sua descida tranqüila e seu desaparecimento na escuridão. E o homem vê nossos rostos, sorri, puxa a rede de volta e torna a atirá-la várias vezes. Um passarinho com uma barriga amarela brilhante como um pedacinho de pudim de limão se encarapita num galho e grita: "Bem-te-vi!", seu nome em português. Em inglês, o nome do pássaro também é uma onomatopéia: Kiskadee!

Mais tarde, paramos no barco de um vendedor para conversar. Do lado de dentro, pilhas de bananas e baguetes; grandes filés de peixe defumado secam no telhado, cobertos de moscas. Ele nos oferece a hospitalidade de sua casa, logo acima do morro, atrás do qual existe um grande lago; sua mulher nos mostra suas tartarugas, seus periquitos e duas colméias de abelhas africanas assassinas, que ela mantém por causa do mel (cada colméia está trancada dentro de um tronco que é fechado e aberto como um baú). Cavando na base de uma das plantas de mandioca num campo, ela expõe a raiz para nos mostrar seus longos dedos brancos. Pintadas na frente das casas estão as palavras "CASA FEEM DEUS". Pergunto-lhe o que significa "feem", e ela olha espantada, dá uma risada e tenta explicar. Depois de um momento de estranheza, também rimos. "Feem" é uma contração das palavras "fé" e "em". Vim das vastidões selvagens da América do Norte para perguntar a ela qual sua fé e não deveria me surpreender se ela se espanta com minha pergunta. Antes de irmos, ela repara quanto admiramos uma grande cabaça verde pendurada numa árvore no jardim. Única cabaça da árvore, ela tem aproximadamente o tamanho e peso de uma bola de boliche e é seca e escavada como uma cabaça. Quando ela a oferece a nós, devemos aceitar. É muito generoso de sua parte; seria uma grosseria recusar.

De volta ao rio, vemos um grande cardume de botos cor-de-rosa e então desligamos o motor e seguimos flutuando até o seu centro. Com fungadas e bufadas, os botos respiram por meio de respiradouros quando emergem. Mas que variedades de rosas — uns parecem borracha de apagar, outros são luminosos ou foscos. Estamos próximo o bastante para ser capazes de reconhecer indivíduos. Inclino-me na lateral do barco e ponho a cabeça na água para ouvir os cliques rápidos de seus sonares. "Uuuxi! Uou!", sopram ao chegarem à superfície. Galopam pelo rio em duplas e trios. Quando a chuva começa, vamos para a margem e subimos uma banquisa até chegarmos a uma palafita. Lá dentro, encontramos fragmentos da cultura americana: uma toalha de Mickey Mouse, uma foto de Lassie, seis lâmpadas para quando a casa possuir luz elétrica, potes e panelas magicamente brilhantes (uma delas, com um funil no meio, parece uma panela de pudim). O homem que vive ali pega dois bancos compridos, como quando se coloca um prato extra na mesa ao receber um convidado, e nos convida a sentar. Simplesmente se supõe sermos bem-vindos e podermos pendurar nossas redes em sua casa se quisermos.

Em vez disso, quando a chuva pára, passeamos por seu quintal e vemos uma mãe preguiça segurando seu bebê numa árvore. Aproximadamente uma vez por semana, a preguiça desce da árvore, cava um poço e defeca nele. Isso a expõe aos predadores, mas, colocando suas fezes na base da árvore, não as jogando aleatoriamente, ela investe no futuro de sua casa. Algas vivem em seu pêlo, o que lhe dá uma coloração esverdeada. Mariposas também vivem ali, assim como besouros e carrapatos. Por longos minutos fico observando a mãe preguiça, completamente imóvel, até que, como se lhe ocorresse um pensamento irresistível, levanta suavemente a cabeça.

Quando as outras lanchas se juntam às nossas, Iain nos leva por entre a Floresta Amazônica, que ele conhece tão bem. Há muito o que ver: o pau roxo (*Peltogyne*), de onde são feitas aquelas lindas cabaças de madeira púrpura; a folha em forma de lira da *Dioscorea,* um cipó usado como matéria-prima para remédios de controle da natalidade porque imita o estrogênio; uma jovem suma, úma coberta de afiados espinhos arrepiados, de forma que os roedores não a possam escalar nem os pica-paus consigam bicá-la. A princípio, parece que uma árvore dessas deve transbordar de tesouros que precisa proteger, mas talvez não — havia fortalezas na Renascença altamente bem-protegidas, não porque contivessem mais tesouros do que outras cidades. Os botânicos testam árvores fazendo um pequeno corte procurando látex, reparando o cheiro, os estigmas do câmbio, uma certa viscosidade possível de ser detectada. Quando Iain faz um pequeno corte na casca de uma figueira, lágrimas brancas de látex afloram. Quantos anos terá essa árvore? Difícil dizer a idade de uma árvore da selva porque elas não formam um anel por ano. Em áreas alagadas, como esta, muitas árvores possuem raízes aéreas e sistemas de raízes rasas e espalhadas para agarrar no chão. Esta não é uma floresta temperada, com abundante luz solar, barro espesso e rico, onde árvores previsíveis possuem necessidades também previsíveis.

Ao flutuarmos rio abaixo, ocasionalmente sentimos o cheiro de fumaça no ar. Embora estejamos a quilômetros de distância, sentimos o cheiro da devastação da floresta tropical, cheirando o que fora queimado em enormes trechos de floresta. Se a destruição continuar no atual ritmo, toda a floresta tropical desaparecerá para sempre em cerca de 40 anos. Plantações de borracha, projetos de mineração e de pecuária imensos e fadados ao fracasso, usinas hidrelétricas, rodovia, e uma tentativa de queimar e dominar a terra só porque é uma fronteira e os seres humanos abominam os espaços não ocupados — tudo isso contribui para a destruição de ecossistemas inteiros. Espécies que sequer têm nome estão se tornando extintas na floresta tropical. Como ressalta Iain, "somos provavelmente a última geração a ter a oportunidade de conservar as espécies da Floresta Amazônica... Hoje estamos à beira do desastre na Amazônia... uma extinção em massa de espécies... ainda maior do que quando o mundo perdeu seus dinossauros".

À medida que o dia vai caindo, voltamos às nossas lanchas e começamos o caminho de volta rio abaixo, que tem um cheiro diferente à noite. Pela manhã, o oxigênio é baixo, e o ar tem um leve perfume. Mas, durante a noite, o ar fervilha de oxigênio e tem cheiro de tiririca e âmbar úmido. Auroras rosadas borrifam o firmamento quando cai a escuridão. Com uma lanterna apontada para baixo na margem, procuramos os olhos de caimãs, os parentes amazônicos dos crocodilos. Para chamar sua atenção, damos um grito de acasalamento ou de perigo, imitando os mais jovens, um grunhido sincopado: "Oh! Oh! Oh!" Ficamos então flutuando em silêncio e aguardamos. Para observar e sentir a natureza é preciso estar disposto a desligar o motor e sair flutuando, para seguir aonde a corrente levar. Mas isso é difícil para pessoas orientadas por um objetivo.

Algumas pessoas em meu barco conversam compulsivamente, poluindo a grandeza silenciosa da floresta. A princípio, achei que estavam ignorando os sons selvagens e ricos dos pássaros, das folhas caindo, do rio, dos animais e o augusto silêncio, mas acabei concluindo que poderia ser o oposto. A conversa delineia formas tão pequenas na abundante vastidão selvagem da Natureza, pequenas formas no clamor disforme do Universo, porém são formas para aqueles que precisam delas. São tábuas encostadas na margem. — Pxiii! Escutem — diz alguém suavemente, e todo mundo se aquieta por alguns minutos, deixando os sons da noite passarem por eles. A martelada firme de um sapo soa como alguém esfregando um balão esticado. Uma coruja canta, e o seu som é como o de uma cuíca. A margem pisca com os vaga-lumes, e então um besouro salta-martim com dois faróis de milha voa sobre o barco. Nossa lanterna está refletida nas pequenas fogueiras dos olhos de uma coruja. À noite, existem muitos olhos misteriosos que queimam. O motivo pelo qual eles parecem brilhar de forma tão assustadora é o fato de existir, logo atrás da retina de animais noturnos, uma membrana reflexiva chamada *tapetum*, que ajuda essas criaturas a enxergar no escuro. A luz se reflete em sua superfície externa. Essas brasas ardentes, vivas na floresta, lembram-nos que também estamos queimando, do caos distante do sol. Uma águia-pesqueira pega um peixe e então o torce no bico para equilibrá-lo melhor quando alçar vôo. Cormorões se alimentam perto da margem; cada um tem uma espécie de armadilha para ratos em sua garganta, para melhor pegar peixes debaixo d'água. Andorinhas do mar fazem evoluções à nossa frente, planando, depois mergulham, permanecendo numa velocidade acelerada, manobrando para cima, executando uma chandele, um meio giro acrobático que termina com a andorinha rolando sobre os ombros, ganhando velocidade, subindo e mergulhando novamente num acesso de suspiros e desmaios aéreos. Peixes de língua de osso, aruanãs, pulam na água. Pescadores caboclos ainda rasgam a água em canoas de casca de árvore, guiadas da popa. Seus remos negros são pontos-de-exclamação mergulhando no rio.

Quinze borboletas amarelas brigam e brincam na grama verde da margem, que é um tipo de tiririca. Um pombo amazônico arrulha. Então um garfo atinge um globo de cristal, como se alguém estivesse chamando a selva à ordem. Um bando de periquitos faz um som parecido com o de roupa molhada sendo torcida num grito agudo. Tucanos berram como cães distantes. Aqui e acolá, avistamos uma ou outra canoa baixa e rasa de casca de árvore encostada na margem, aguardando seu remador, trabalhando em algum lugar da floresta. Um gavião com patas e bico amarelos brilhantes se encarapita num galho de uma árvore morta. Há um espadanar de água na margem de um lago próximo, formado por um meandro do rio. Quando uma castanheira perde duas folhas, caem suavemente e atingem o chão com um ruído oco. “Uiií!”, grita um gavião como uma criança soprando uma cornetinha. “Uiií!” Logo o resto da bandinha de jardim da infância se junta com seus bloquinhos, garrafas, panelas de alumínio, sinos, quando pássaros diferentes vão assomando e os grilos começam a pulsar e suspirar com canções. Um pássaro amazônico parente da galinha emite um zumbido que lembra um pato. Uma surucuá grita: “Iú! Iú!” Sobrevoamos lentamente um hematanto com flores brancas ousadas, cujos alcalóides são utilizados na medicina cardíaca. Sinos de vento enchem o ar com seus tilintares; ouve-se então um trinar uivante, uma porta de molas batendo e rangendo em suas dobradiças: é um sapo.

A lua nova parece uma canoa branca fina sobre as árvores escuras. Sobre nossas cabeças, morcegos fazem seus rasantes. Iain, sabedor de minha paixão por morcegos, conta-me que uma vez assistiu a um peixe comedor de morcegos pular da água, agarrar um deles e arrastá-lo para baixo. Agora a banda de garrafas inclui uivos e gemidos. Um planeta branco, a sudeste da lua, flutua baixo sobre a floresta como uma lasca de gelo. Na escuridão que surge, as luzes florescem no rio: uma única lâmpada amarela em uma casa; a luz mais branca do farol de uma lancha, o *flash* distante de uma câmera onde Mo e os outros estão pescando; a luz verde-amarelada piscante dos vaga-lumes, nossa lancha repousando ancorada rio abaixo, iluminado como um milagre. Em minha cabine, deliciosamente exaurida da pura *overdose* sensorial do dia e ansiosa pelos dias que virão, preparo um bule de chá de uma casca preciosa e beberico seu tônico de aroma doce, enquanto a lancha balança suavemente no antigo rio. Então caio no abismo do sono. Por um momento o sonho é o mesmo que o mundo desperto: lá novamente nado de *snorkel* no rio à luz da Lua, ouço os gritos dos macacos e acompanho uma trilha de formigas cortadoras de folhas levando para casa seus pequenos fardos ao longo de fragrantes corredores.

ALBATROZES DE CAUDA CURTA

Em idas e vindas, a ave do mar
Não deixa um traço,
Nem precisa de guia.

— Dōgen (mestre zen japonês)

Este nosso mundo,
A que devo compará-lo?
À espuma branca de um barco
Que sai remando no início da aurora.

— Shami Mansei

A primeira vez em que ouvi a palavra "Torishima" estava num navio na Antártida, atravessando um jardim de gelo reluzente, rumo às encostas cobertas de pássaros de South Georgia. Peter, pintor e ornitólogo, proferia uma de suas esfuziantes palestras sobre albatrozes, seus pássaros marinhos favoritos, algumas espécies que, para vê-las, em breve estaríamos escalando colinas cobertas de mato. Homem de baixa estatura e cabeludo de seus quarenta e poucos anos, com bigode e barba cuidadosamente tratados e o corpo esguio de um escalador de rochas (pássaros marinhos costumam fazer seus ninhos em despenhadeiros), Peter começou num sussurro, com a sinceridade de alguém que é ouvido acidentalmente em suas devoções:

— O oceano aberto é para os pássaros o que o espaço é para a Humanidade: a última grande fronteira. Para os pássaros, ele apresenta o ambiente mais duro e impenetrável da face da Terra, um ambiente que cobre quase dois terços da superfície do mundo. Ainda assim é possível, mesmo a milhares de quilômetros da terra, ir até a amurada de um navio, olhar na direção do mar e ver pássaros. Mas não são pássaros comuns; são pássaros marinhos. De todos os pássaros marinhos, existe um grupo que é separado do resto, um grupo sem par, um grupo que me enche de admiração. São a mais antiga forma de vida. Esses gigantes gentis são os albatrozes. Seu reino não é de colinas, floresta ou campinas, mas de uma paisagem sempre mutável da cores azul, verde e branco, cujos humores são imprevisíveis. Sobre essas vastidões, os albatrozes levam uma vida precária e itinerante. Eles são os nômades do oceano.

Com um sotaque britânico levemente temperado por encontros com uma grande variedade de culturas ao longo de muitos anos no mar, Peter continuou, com a emoção exaltada de um pintor descrevendo seu modelo favorito. Grandes, fortes e no entanto parecendo feitos de porcelana, os albatrozes estão entre os pássaros mais belos que existem. Contou que já havia visto todas as espécies de albatrozes do mundo, exceto uma — a mais bela e a mais espantosa —, o albatroz de cauda curta, uma espécie quase extinta, com uma história trágica, pois só se acasala em uma pequena e remota ilha japonesa assolada por tempestades e dominada por um vulcão ativo. Há dez anos ele tenta chegar lá; em uma das vezes, conseguiu velejar até cerca de 300km de Torishima, mas o tempo e as circunstâncias o impediram de desembarcar.

— Torishima. — Pronunciou o nome da ilha com os olhos fechados, deixando a palavra se derramar como uma brisa fresca por entre os doldrames de sua boca. — To-ri-shi-ma — repetiu, com profunda reverência e desejo. *Slides* de albatrozes apareceram na escuridão, tão magicamente como desenhos nas cavernas de Altamira. À medida que o nome da ilha flutuava pela sala como um encantamento, eu pensava em como é maravilhoso o mosaico da ilha, em como são miraculosas e sutis as criaturas do mundo e em como os seres humanos podem ser traiçoeiros para os animais com os quais compartilham o planeta.

O albatroz de cauda curta um dia cobriu os céus do Japão à Califórnia. Era a espécie de albatroz mais abundante no Pacífico Norte e a fonte principal de proteína não-mamífera nas dietas dos aleutos, dos inuits e de outros índios norte-americanos das

Aleutas até a Baja Califórnia. Em pouco menos de cem anos, caçadores de plumas chacinaram todos. Só em um período de 17 anos, cinco milhões foram mortos para estofar colchões e colchas. Quando o U.S. Fish and Wildlife Service inspecionou 15 mil quilômetros quadrados do Mar de Bering entre 1975 e 1982, encontrou somente um albatroz de cauda curta. Toda a população mundial de albatrozes de cauda curta fora reduzida a aproximadamente dez pássaros; provavelmente haviam chegado mais perto da extinção do que qualquer outro animal na face da Terra. Aqueles que sobreviveram só o fizeram porque encontraram um esconderijo em Torishima, praticamente inacessível aos seres humanos. Em 1962, o governo japonês declarou esses raros albatrozes de cauda curta como patrimônio nacional — não a ilha que habitam, mas os pássaros propriamente ditos. Agora, restam cerca de 400 deles: cerca de 200 fazendo ninhos em Torishima e outros 200 pássaros imaturos no mar. Embora a espécie tenha aumentado enormemente, sua existência está por um fio; de fato, apesar de esforços para a sua conservação, ela pode se tornar extinta ainda durante nossa geração. O que poderia ser mais importante do que ver esses pássaros marinhos celebrarem sua beleza e unicidade? Eu sabia que teria de ir a Torishima. Peter e eu começamos a planejar nossa viagem naquela noite.

Torishima ("ilha dos pássaros") fica a 580km ao sul de Tóquio, distante de qualquer outra ilha no Pacífico, que é varrido por tempestades. Visitar a ilha significaria ter de obter permissão especial, pois ela fora declarada proibida pelo governo japonês, em parte para proteger os pássaros, mas também por ser um vulcão em atividade; uma erupção em 1902 matou todos os 125 últimos habitantes da ilha. Nossa melhor opção, decidimos, seria juntar forças com Hiroshi Hasegawa, um extraordinário ornitólogo japonês, que dedicou a vida ao salvamento do albatroz de cauda curta e, solitário, levou a difícil situação do animal ao conhecimento do governo. Teríamos de ir na estação dos tufões, quando os pássaros estivessem fazendo seus ninhos. Aparentemente, os ventos começam a soprar vigorosamente do noroeste durante a estação dos tufões, e a única brecha nas mandíbulas de rocha da ilha é uma pequena enseada em seu canto noroeste. Não há praias em Torishima, mas apenas encostas vulcânicas e pedregulhos pretos afiados de lava congelada, contra os quais um barco poderia ser jogado e espatifado, razão pela qual teríamos de chegar à margem nadando, evitando tubarões e águas-vivas. Teríamos então de escalar o vulcão.

Sentados no convés do navio, que cortava as ondas altas e longas do Mar Antártico, Peter e eu sorrimos. Era irresistível. Afinal, era seu último albatroz. Para mim, seria uma grande peregrinação em busca do que é raro, belo e quase extinto.

Dez meses e muito planejamento de três pessoas mais tarde, voamos até Tóquio para encontrar Hiroshi, que àquela altura havia se tornado um amigo graças à nossa troca de cartas, Depois de passar pela Imigração no Aeroporto Internacional de Tóquio e listar nosso destino final no Japão como "estação meteorológica de Torishima (abandonada)", pegamos a bagagem e passamos por portas de vidro fumê para entrar no terminal principal. As primeiras pessoas que vemos são um japonês magro de seus quarenta e poucos anos, acompanhado por um homem e uma mulher mais novos — Hiroshi e seus dois alunos, que caem em cima de nós como falcões bonzinhos, apresentam-se primeiro no estilo japonês, com mesuras, e depois ao estilo ocidental, com apertos de mão. Peter e Hiroshi olham um para o outro e sorriem; magros e atléticos, com bigodes e barbas aparados no mesmo estilo, parecem as versões oriental e ocidental da mesma espécie.

— Ornitólogos são iguais no mundo inteiro — comenta Peter, com uma gargalhada, quando pegamos nossas mochilas e caixas pesadas. — Já sabemos muito um sobre o outro.

Uma das coisas que ele sabe é que ornitólogos acreditam de verdade no valor revigorante do ritual, da cerimônia e da celebração. Na véspera de uma peregrinação, um banquete especial fora planejado. Encapotados como para uma expedição ao Everest, cinco de nós pegam um ônibus e dois metrôs, cortando a cidade até a parada da Universidade de Toho, onde Hiroshi leciona. Saindo dos túneis, penetramos em um mundo de ruas estreitas onde casas e lojas se encaixam como peças de um chão de mosaico que se espalha horizontal e verticalmente. A noite está caindo, e centenas de luzes de néon coloridas piscam em casas de jogo, restaurantes e lojas. Nossos olhos cansados de viagens se arregalam para engolir todas as estranhas novas formas, padrões e cores cambiantes. É como andar por entre os galhos de uma árvore de Natal excessivamente ornamentada. Em 10 minutos, chegamos a um restaurante decorado com fotos de lutadores de sumô. Uma mulher sorridente de bochechas redondas, com sombra de cor de glicínia nos olhos e uma boca vermelho-viva com um traço menor do que seu contorno natural, nos saúda na porta e mostra-se obviamente feliz por ver Hiroshi. Curvando-se lentamente, ela nos saúda: — Dozo ("Por favor") — e faz um gesto para a frente, que significa universalmente: "Não querem entrar?" Tiramos os sapatos e os deixamos na porta entre muitos outros pares empoleirados sobre o capacho de bambu como galos silvestres em seus ninhos e acompanhamos Hiroshi até uma mesa baixa num canto distante, onde travesseiros finos foram dispostos no chão.

Peter e eu trocamos um olhar de "O que é que a gente faz agora?" e observamos nossos anfitriões. Quando os três se sentam sobre as pernas dobradas, mãos descansando nas coxas, fazemos o mesmo. Esse é o estilo tradicional de se sentar, mas alguns dos jovens japoneses na sala parecem estar mais relaxados, ao estilo americano, um joelho dobrado numa calça jeans, a outra perna esticada. Mais saudáveis e de pernas mais compridas, a nova geração de adolescentes às vezes acha o estilo tradicional restritivo demais, tanto física quanto mentalmente.

A dona do pequeno restaurante familiar é viúva de um conhecido lutador de sumô. Daí a decoração: calendários de campeonatos de luta, fotos de lutadores em ação, troféus e faixas de luta. O menu também dá preferência a pratos favoritos dos lutadores de sumô, mas uma garçonete coloca em frente a cada um de nós um prato em forma de gôndola contendo três tipos de *sushi*: uma grande, grossa e apetitosa serpente marinha, uma pilha de testículos fibrosos de bacalhau branco e uma lula frita. Peter e eu olhamos um para o outro e depois para Hiroshi, cujos olhos estavam cheios de más intenções.

— Parece bom, não parece, Peter? — indago, esfregando as mãos. — Mal posso esperar para provar. Nunca vi uma serpente desse tamanho; você já viu? Parece um pequeno palomino.

— Não, acho que nunca vi uma assim. E é fantástico o jeito como arrumaram ela, como se estivesse correndo.

— E a cabeça é tão interessante.

— É — replica ele, devagar.

Levanto a serpente com meus pauzinhos, pensando por um momento que para ser uma serpente lutadora de sumô só falta uma faixa na cintura, e meto-a na boca, mastigo sua massa emborrachada e doce muitas vezes e sorrio para Hiroshi como sinal de aprovação. Então começo a comer os testículos quentes e cremosos do bacalhau.

Enquanto falamos sobre pássaros de terra locais, sobre uma nova espécie de albatroz (a "Amsterdã") — descoberta recentemente — e como estão os de cauda curta, Hiroshi dá aulas de manipulação de pauzinhos a Peter. Vacilante no começo, Peter logo leva os pauzinhos à boca como um bico e move o de baixo como um albatroz moveria sua mandíbula inferior. Hiroshi ri e faz o mesmo, e em pouco tempo os dois refinam o movimento e começam a fazer estalidos baixinho. É uma pantomima ornitológica muito esotérica, o que diverte muitíssimo nossa anfitriã, que chega para acender um prato quente no centro da mesa. Em cima, coloca uma grande tigela de *chanko nabe,* um cozido com tofu, galinha, vegetais e um indigerível macarrão branco ("para limpar o corpo"). É uma versão mais suave da dieta típica de um lutador de sumô, uma *nouvelle cuisine* de sumô, no fim das contas. Se estivéssemos em treinamento, levantaríamos cedo, comeríamos pouco, trabalharíamos e devoraríamos nossa refeição pesada e gordurosa tarde da noite, logo antes de dormir, para garantir que nosso peso alcançasse 130kg ou 180kg de que um lutador de sumô precisa para estar no auge da forma física para lutar. Depois de alguns minutos sentados sobre nossos pés com cãibras, ao estilo japonês, conformamo-nos em cruzar as pernas. O inglês de Hiroshi, embora hesitante, às vezes é surpreendentemente bom. Nem Peter nem eu falamos japonês. Mas os homens partilham uma linguagem comum de pássaros e logo estão comparando notas em mímica e em latim.

— Kampai! — brinda Hiroshi, levantando seu copo de cerveja.

— A Torishima e aos albatrozes — sugere Peter.

— Ahodori — Horishi o corrige, usando a palavra japonesa para albatroz. — Significa "pássaro bobo" — explica ele, escrevendo a palavra em japonês, primeiro no sofisticado estilo *hiragana*, e depois nos símbolos mais simples do *katakana*: o mesmo pássaro numa plumagem alternativa de caracteres.

— Por que eles sempre são considerados pássaros bobos? — pergunto a ele. Em inglês, são às vezes chamados de *gooneybirds* ("pássaros patetas").

Cofiando a barba, ele responde: — Acho que deve ser por causa de como eles ficam às vezes quando pousam — faz um movimento de cambalhota com as mãos no ar. — Mas talvez também porque foram burros em não voar quando os humanos chegaram com... — Segura um bastão de beisebol invisível nas duas mãos. — Os homens assassinaram um *ahodori*, outro e mais outro, e o resto dos pássaros não entendia o que estava acontecendo e não fugiam. Seus matadores pensaram: mas que bichos, burros eles são tão fáceis de matar.

Um pássaro de tamanha gentileza e beleza era duplamente considerado por caçadores de penas, cujo comércio provavelmente começou por acaso — pescadores recolhendo penas em colônias de pássaros em ilhas que visitavam. Mas ao fim do século XIX, quando o Japão começou a conduzir muito comércio além-mar, as penas se tornaram moda na Europa e nos Estados Unidos. Um albatroz possui de 14 mil a 16 mil penas, a maioria das quais pequenas, macias e felpudas. Só existem dez penas grandes por asa, 20 grandes asas de penas no pássaro inteiro e até 12 penas na cauda. Por isso, de cerca de 14 mil penas, apenas um punhado podia ser recolhido para o uso em tinteiros ou chapéus. Mas o resto dava estofos suaves e quentes de colchões e travesseiros. Durante um ano típico, por volta da virada do século, o Japão exportou 380 mil quilos de penas, e o comércio só declinou quando o país começou a ficar sem pássaros.

Com uma leveza que logo comecei a valorizar, Hiroshi levanta o copo de cerveja e faz, decidido, o brinde da expedição: — *Ahodori*! *Kampai*!

Depois do jantar, levamos nossas maletas pelas ruas tortuosas até o *campus* da Universidade de Toho. À sombra de um prédio, um grupo de estudantes bêbados passeia cambaleante, os braços nos ombros uns dos outros, cantando músicas na noite. Os pingüins na Antártida se juntam desse jeito para se aquecer (os franceses dizem que eles estão "fazendo uma tartaruga"), e acontece o mesmo com colegas de universidade por todo o planeta. Isso me lembra de que estamos na verdade na versão de Tóquio de uma cidade universitária. Pouco depois, a dona do restaurante de sumô nos alcança em sua bicicleta: deixamos para trás, por distração, um panfleto de observação de pássaros; ela achou que poderíamos precisar. Muitas mesuras de cabeça e agradecimentos renovados. Cansados do *campus*, paramos num restaurante, onde Hiroshi fala com a dona.

— Amanhã de manhã, ela abrirá às oito e lhes servirá o café da manhã — ele nos diz. — Estará esperando vocês.

Então atravessamos então a rua. Hiroshi acerta nossa entrada com os guardas do *campus* no portão principal e passamos por um pequeno jardim florido, chegando a um prédio que tem quartos para convidados da universidade no terceiro andar. No final da sala, encontramos um banheiro, uma geladeira, uma banheira japonesa funda e máquinas oferecendo pasta de dentes e material para se fazer a barba. Viajamos 30 horas e atravessamos a linha divisória das datas, mas estamos zonzos e excitados demais para dormir. Ainda há tempo para assistir a filmes históricos sobre Torishima, existentes na biblioteca Hiroshi, que contém livros, filmes e discos sobre albatrozes (muitos cantores populares e grupos de *rock* já fizeram músicas sobre albatrozes). Hiroshi nos guia até seu escritório em um prédio próximo. Vênus brilha baixo e intensamente no céu, como um farol que nos capturou em seu feixe. É como se tivéssemos caído através de uma fenda em nossa cultura num mundo em que tudo é estranho e novo, e não sabemos que visão esperar além do próximo poste.

Ao subirmos as escadas que levam ao escritório de Hiroshi, vemos fotografias de albatrozes nas paredes. Uma luz no fim do corredor nos recebe em uma sala transbordando de livros, cartazes sobre a vida selvagem e mais fotos de albatrozes, incluindo uma grande bandeira em que um albatroz adulto quase em tamanho natural voa pelo céu com as asas abertas: a *pièce de résistance* de Hiroshi, um *close* emoldurado de uma fêmea albatroz grávida. Sentamo-nos em bancos ao redor de uma mesa de madeira. Três estudantes chegam; um traz uma garrafa de vinho branco, outro corta algumas frutas e todos nos sentamos para assistir a filmes sobre albatrozes. O primeiro é um velho filme em preto-e-branco mostrando os grandes bandos de pássaros que um dia cobriam a ilha e pintavam as escarpas de branco. Observadores japoneses dizem que a Torishima incrustada de pássaros parecia um vulcão de gelo, de um branco borbulhante. Tantos albatrozes enchiam o céu, que parecia que uma constante tempestade de neve viajava ao redor da ilha. Nas margens, as ondas pareciam permanentemente cobertas de branco, tão grande e densa era a massa flutuante desses magníficos pássaros. Como isso poderia ter acontecido tão rápido? O filme inclui um breve vislumbre da extravagante dança de acasalamento dos albatrozes de cauda curta.

Ao vê-la, Peter explode de animação e se curva mais para perto, para ver melhor.

— Eles ficam na ponta dos pés! Olhe só aquilo — toque escapular, balanço da cabeça, castanholas! — Ele ergue os punhos cerrados no ar e os sacode para dissipar a eletricidade.

Mutuamente interessados, um casal fazendo a corte joga as cabeças para o alto mais uma vez, bate as enormes asas e começa a bater os bicos como dançarinos flamencos enlouquecidos: castanholas. Meu coração começa a acelerar. Até mesmo em filmes eles são estonteantemente belos, com suas coroas amarelo-ovo. Seus bicos trêmulos são rosados, parecendo com isso batom azul delineado na ponta e no interior da boca, e uma fina linha preta desenha a base do bico. Tirante isso, os pássaros mais velhos são em sua maioria brancos. Mas alguns pássaros imaturos são marrons-chocolate, pintalgados com dragonas brancas. Inclinados para a frente na mesa, incapacitados de andar pela fadiga, ficamos olhando espantados a pequena tela, que não consegue conter um pássaro tão grande, o borbulhar bidimensional de elétrons, incapazes de exibir o drama que nos aguarda, e ficamos animadíssimos. Quando os filmes terminam, entabulamos nossos últimos planos de viagem com Hiroshi, fazemos um último brinde aos albatrozes com um copo levantado e um "*Ahodori*! *Kampai*!", e voltamos a nossos quartos para dormir.

Na manhã seguinte, bem cedo, dois estudantes nos encontram comendo o café da manhã japonês no restaurante local, onde, para nosso deleite, vemos as fotos que Hiroshi tirou de um albatroz de cauda curta fêmea penduradas na parede como o retrato familiar de um herdeiro real. Eles nos apressam a ir para baixo, onde Hiroshi espera com nossa bagagem. Ele faz gestos para seu relógio; há muitos quilômetros a percorrer hoje e precisamos nos apressar.

Com nossas mochilas enormes parecemos tartarugas de uma espécie exótica, levando nossas casas conosco, mas essas carapaças tornam fácil para nós visualizar um ao outro entre as grandes multidões da cidade. Um ônibus, dois trens, um monotrilho e um avião depois, pousamos em Hachijojima, uma ilhota vulcânica abaixo das sete ilhas de Izu, que pontilham o oceano ao sul de Tóquio como as pérolas de um colar cujo fecho se quebrou. Os dez mil habitantes de Hachijojima são principalmente pescadores e suas famílias. Às vezes, as pessoas voam de Tóquio até lá para pescar ou passar um período de descanso curativo nas fontes quentes. Não há ocidentais. As árvores cantam com bandos de *bulbuls* cantores, nuvens surgem à noite e se agarram aos picos do vulcão, e o oceano sopra uma fina neblina ao amanhecer. Como Hachijojima tem o último aeroporto nas ilhas, os viajantes que se dirigem a locais ainda mais remotos iniciam suas jornadas a partir de suas docas. Existe sempre um lugar como este, uma encruzilhada entre o familiar e o desconhecido, uma caravana no deserto, uma Marrakesh. Nos Estados Unidos do século XIX era a St. Louis de Mark Twain, onde as pessoas paravam para se encher de suprimentos antes de atravessar o Mississippi e penetrar nas terras selvagens e sem lei a oeste. Esses viajantes eram chamados de "estrangeiros", e "estranhos" eram seus modos. Hachijojima é uma encruzilhada menor e não tem os trapaceiros, os valentões nem os bandidos. É um último refúgio antes do mergulho no Pacífico. É um lugar para um corte silencioso com os laços de qualquer coisa denominada cultura. Cultura é o que as pessoas inventam quando perdem a Natureza. E não há nada mais certo ou poderoso em Hachijojima do que a ira do vento e da água, cujo decreto conjunto deve ser decifrado todos os dias por meio da sabedoria e dos mapas meteorológicos.

Em Hachijojima, ficamos numa pequena hospedaria de propriedade de um casal que se tornou amigo de Hiroshi ao longo dos anos — Eke-san e Toma-san —, que nos encontra no aeroporto com sua van. Toma-san é dono de um barco de pesca e guia pescadores pela ilha em odisséias esportivas e também é dono de florestas na ilha. Hibiscos e aves-do-paraíso derramam-se pela rodovia enquanto avançamos em direção a uma aldeia de pescadores próxima e subimos uma alameda estreita até a casa deles, perto das docas. Deixando os sapatos na porta, abandonamos a sujeira do mundo exterior e calçamos as sandálias que nos esperam. Até mesmo a poeira do mundo é rica e bela na vida japonesa, mas é do lado de fora que ela fica.

— Dozo — diz Eke-san, fazendo um gesto até uma mesinha numa sala dominada por duas mesas dessas e um aparelho de TV num canto. Sentamo-nos no chão ao lado da mesa, enfiamos os pés embaixo da toalha quadriculada em preto-e-branco sobre ela, e descobrimos um calorzinho aconchegante ali. Um aquecedor elétrico ligado debaixo da mesa banha as pernas de todos com um brilho gostoso. Esta sala principal é retangular e tem portas deslizantes dos dois lados — uma leva até a saleta de entrada, a outra à cozinha e ao quintal. Um carpete rosa percorre a extensão exata do chão; existem ainda dois pequenos tapetes — um com corujas, em que se pisa ao vir da saleta, outro com patos, quando se vem da cozinha. Um gabinete na outra extremidade da sala ostenta uma cópia emoldurada da foto da fêmea albatroz de cauda curta tirada por Hiroshi, que começamos a considerar nosso símbolo cabalístico. A seu lado está um relógio de bronze, erguido por dois grous (o símbolo japonês de longevidade) voando. Uma placa de madeira com o emblema da família, uma espada e uma flor, inclina-se do outro lado do gabinete. Dez painéis caligráficos estendem-se sobre as portas até a saleta.

Eke-san senta-se sobre os joelhos, a nosso lado, faz uma mesura com as mãos sobre as coxas. Uma mulher de 57 anos com cabelos pretos curtos penteados para trás, ela sorri com modéstia e graça e nos oferece café. Hiroshi vira-se para a TV, a fim de verificar o tempo local, e examinamos os mapas meteorológicos. Um vento noroeste e um tufão dirigem-se no sentido oeste para a região. Olhamos cuidadosamente as linhas isobarométricas e discutimos os sistemas de aproximação. Um conjunto de linhas estreitas em redemoinho, juntas e mudando de rumo, indica um tufão. Para os viajantes do mar, o quadro se mostra claro como uma impressão digital. Três tufões passaram perto de Torishima este ano, lavando o solo. Enquanto Hiroshi conta os sistemas, dobra os dedos um por um; Peter também os conta, mas flexiona os dedos para fora. Pode ser que não nos aconteça nada, mas o tempo é sempre traiçoeiro nesta estação. Portanto, decidimos esperar o próximo relatório.

Logo o almoço é servido, e caixas laqueadas aparecem com misteriosas iguarias em seu interior. Muitos vegetais novos, frutas e frutos do mar diversificados são dispostos à nossa frente, anônimos e condimentados, que comemos com uma mistura de fome e curiosidade. Um grande cesto elétrico de arroz se destaca ao lado de uma garrafa térmica de água quente perto da mesa. Eke-san sorri com o nosso enorme apetite. Pássaros ganham muito peso antes da migração. Alguns pássaros da família dos mniotiltídeos aumentam seu peso em 50% para fazer a jornada de ida ou volta da América do Sul. As pessoas costumam fazer alguma coisa semelhante antes de partir numa expedição. Nunca se sabe quando irá se encontrar a próxima refeição.

Curvando ligeiramente a cabeça, agradecemos a Eke-san em japonês, dizendo "*Oishii*" ("É gostoso"). Logo iremos ter com o *sencho* (capitão), cujo pequeno barco de pesca nos levará a Torishima, e precisamos comprar nossas provisões. Mas antes precisamos visitar o escritório do governo local. Hiroshi voltou de sua última viagem a Torishima com fotos de uma terrível erosão e convenceu o órgão ambiental do Japão a enviar nossos botânicos e o pessoal de inspeção do solo para ver se alguma coisa pode ser feita a respeito.

No escritório, um homem alto, cujo nome pode ser traduzido como Campo de Estrelas, nos cumprimenta, e Hiroshi lhe mostra fotografias da grama de Torishima e da recente erosão em áreas onde seu pessoal será chamado para replantar no ano seguinte. Toda esta comoção deve ser estranha para este escritório de governo local. Hachijojima é uma ilhota; Torishima é minúscula e tão fora de rota, não só distante, como também vulcânica, selvagem e proibida. Agora, subitamente, o mundo está chegando a Torishima, com câmeras de vídeo e cientistas, uma espécie de lição objetiva de como tirar uma espécie da beira da extinção. Hiroshi espera que esses botânicos e especialistas em solo sejam capazes de impedir a erosão, que está destruindo preciosos locais de construção de ninhos. Grande parte da vegetação da ilha foi soterrada pela lava, e nessas áreas a vegetação luta para insinuar suas raízes em meio às cinzas frescas.

Um secretário nos serve chá verde em xícaras azuis e brancas decoradas com leques. Leve e da cor do espinafre, o chá nos revigora. Hiroshi deixa o boné de veludo piquê marrom pendurado no joelho. Duas grandes cicatrizes brancas se estendem por sobre o topo de sua mão esquerda — as marcas da profissão. Ganhou esses cortes lidando com fêmeas de albatroz, cujos bicos afiados são projetados para despedaçar uma lula com um só golpe; em comparação, a mão é um alvo muito lento.

Olhando para uma fotografia de uma encosta desolada, vejo onde as cinzas foram sopradas como que por uma tempestade de poeira. As raízes das plantas podem precisar de um sistema de entrelaçamento, a fim de poder juntar as cinzas soltas. E os albatrozes precisam de vegetação para construir seus ninhos. Eles raspam um buraco raso no chão e puxam areia e grama juntas. Não é o suficiente para dar uma ilha ao pássaro; é preciso lhe dar a vegetação correta também para poder colocar seu ovo. Há dois anos, como experiência, Hiroshi plantou eulálias numa pequena área da ilha. Houve um aumento imediato do número de ovos de albatrozes que foram chocados. Hoje ele espera fervorosamente substituir o resto da vegetação perdida da ilha. Pedirá aos botânicos que plantem em junho, a estação das chuvas, com a perspectiva de ter a área de ninhos pronta para os pássaros em outubro próximo.

Dez desses homens irão nos encontrar na ilha e por isso discutem suprimentos e equipamentos com Hiroshi. Quando saímos, vamos até uma padaria, um armazém e uma loja de bebidas. Se o tempo nos prender em Torishima, ficaremos felizes com as provisões extras. Por toda a cidade encontramos caminhos feitos de lava já ressecada, macias e fáceis de pisar. Esses lindos caminhos não estão ali para os turistas, que pouco aparecem em Hachijojima. Todo dia é uma ocasião especial, parecem dizer; o que toca a vida cotidiana deveria agradar aos sentidos. Crisântemos amarelos e bromélias caem em cascata das paredes de rocha íngreme que bordejam as ruas tortuosas. Algumas paredes estão incrustadas de pedras grandes e afiadas, atiradas pelo vulcão, que afundam nas cinzas. Esperando do lado de fora de uma das lojas, observamos os barcos de pesca ao longo do cais, enquanto Hiroshi passa sua lista em revista. Com as pernas ligeiramente arqueadas, ele usa uma bandana azul enfiada no bolso traseiro do jeans, uma camisa xadrez azul e preta e o boné de veludo marrom do U. S. Fish and Wildlife Service, que conseguiu numa viagem recente ao Alasca. Todos os suprimentos foram adquiridos. Por fim, ele suspira aliviado. Um cormorante se empoleira sobre uma pilastra de madeira, e levamos nossos binóculos aos olhos enquanto ele coloca suas asas em arco numa cruz prussiana. Na China, um pescador coloca um anel apertado no pescoço de um cormorante com coleira (para que ele não possa engolir o que apanhar) e faz com que pesque para ele em seu lixo. Ao contrário de outros pássaros de pesca, ele não é impermeável; caso contrário, não seria capaz de mergulhar tão bem. Aqui, em liberdade, o pássaro abre suas asas para secá-las ao sol.

— Nossa primeira viagem a Torishima: falta muito pouco agora — diz Peter, a expectativa borbulhando em seu rosto queimado de sol.

— Já estive lá 37 vezes — retruca Hiroshi — e ainda fico tão animado quanto você.

— Você esteve lá mais do que qualquer outra pessoa na Terra ou qualquer uma na História — comenta Peter, deixando os binóculos caírem ao peito. — E você tem sido um ótimo protetor dos pássaros. Quando chegar, os albatrozes deveriam se alinhar, se balançar para a frente em suas patas e se curvar. Ele se equilibra na ponta dos pés, levanta os braços ao seu lado e faz uma meia mesura desajeitada. Hiroshi pega outra parte da dança de acasalamento e arqueia o peito para a frente e os braços para trás. Acrescenta outro gesto beijando meu ombro esquerdo, em seguida o direito, com os braços curvados na lateral do corpo. Não sei o que os passantes acham desta cena, mas os pescadores das ilhotas vulcânicas do Pacífico Sul certamente estão acostumados a toda sorte de pássaros estranhos. E as castanholas e gemidinhos que nós três fazemos provavelmente também não os surpreendem muito.

Descendo ao longo do cais até as barracas de empacotamento de peixes, ficamos observando os barcos desembarcarem sua carga. Na luz que esmaece, somente os conveses dos barcos brilham, enquanto homens com roupas azuis e faixas de cabeça brancas felpudas dividem arenques, atuns e sardinhas gigantes, jogando-os como barras de prata pura em cestas próximas. Hiroshi conhece a maioria desses homens de vista e de cumprimentá-los. Um amigo seu levanta um grande budião pelas guelras e o segura com uma expressão do tipo "olhe só o tamanho desta coisinha" compartilhada por pescadores no mundo todo; Hiroshi dá um sorriso de satisfação. Colocando o budião numa cesta, o homem dá a Hiroshi três sardinhas grandes para levar para Eke-san. Peixes oleosos como esses são comidos na região porque se deterioram rapidamente. Os outros peixes de carne branca serão embalados com gelo e enviados para Tóquio. Agradecendo ao pescador e desejando-lhe uma boa estação, voltamos a subir a colina, já que está quase na hora do jantar.

Em casa, encontramos Eke-san fazendo um arranjo de flores. Num aposento, há uma pequena mostra de flores-do-campo — cardos roxos, dulcamaras, talos de grama e folhas em um prato preto laqueado; no prato, a água é tão importante quanto as folhas ou o espaço entre os galhos, ou o céu lá no alto. Existe algo de robustamente úmido e feminino no arranjo, que se dobra em si mesmo repetidas vezes. Em outro aposento, um arranjo decididamente masculino de bambu e ave-do-paraíso aponta para o céu. Sentamo-nos para comer, enfiando as pernas debaixo da toalha, esquentando-as no aquecedor. A filha de 21 anos de Eke-san nos traz chá verde quente. Esta noite é servido um peixe frito que os ocidentais chamam de guaivira (que em inglês se chama *leather jacket*, mas os japoneses, que acham um nome desses insosso, o chamam de "leather remove"), juntamente com *sushi*, tofu e vegetais, e tangerinas de sobremesa. Conversas em japonês, inglês e mímica iluminam o aposento. Mas, quando a previsão do tempo aparece na TV, a conversa pára. Em terra de pescadores, o tempo é rei. O único outro evento que interrompe a conversa é o sumô. Esta é a semana do campeonato de sumô e assistimos ao "Vulcão Havaiano", uma massa ondulante de lava humana de 200kg, que usa somente um tapa-sexo com uma franja que parece de cortina e arrasta seu peso pelo palco.

— Ah, mas ele tem os tornozelos fracos — observa Hiroshi, com ar de entendido. — Neste esporte, nem sempre tamanho é documento. E, ao contrário da luta-livre americana, não existem categorias de peso. Homens grandes podem derrotar homens menores, e às vezes o menor ganha, porque é mais rápido. — Ele explica que a estratégia está em conhecer seus talentos, as fraquezas de seu oponente e quais as técnicas que juntam as duas coisas. De algum modo, parece perfeitamente natural que Hiroshi, um homem encantador e de bom humor, que aprecia todas as forças da Natureza, seja apaixonado por albatrozes, mais leves do que o ar, tão gentis e leves, e também por lutadores de sumô tão pesados.

Com uma cerimônia rebuscada e um árbitro estilizado em roupas ancestrais, começa o combate, que termina alguns segundos depois, quando o "Vulcão Havaiano" tropeça em seus tornozelos fracos e seu traseiro cai ao chão com estrépito. Isso foi tão emocionante, que Toma-san se levanta de um pulo e, louco de animação, ergue um copo de bebida japonesa forte para o vencedor: — *Kampai*! — saúda ele, punho cerrado e levantado.

Jet lag, fuso horário e fadiga parecem colidir em nosso cérebro ao mesmo tempo, e às 9h já estamos bocejando. Depois de agradecer a nossos anfitriões, subimos as escadas e nos lavamos numa comprida pia comunitária na saleta. Eke-san chega logo depois e leva Peter para o quarto dele, abrindo a porta principal deslizante e ajeitando um colchão no assoalho.

Em meu quarto, encontro um colchão coberto por um edredom cor de cereja e um lençol branco. Agradecendo a Eke-san com uma pequena mesura, desejo-lhe boa-noite e ouço o ruído suave de suas sandálias descendo as escadas. É um quarto claro, arejado, quadrado, com duas portas deslizantes numa das extremidades. Cada porta contém 20 painéis de papel opacos e finos. Na parede oposta, uma ampla janela, coberta por duas persianas deslizantes composta de 20 pequenos painéis de papel, brilha uma cor de trigo à luz do luar. Capachos de grama se alinham no chão. Na parte de cima das paredes decoradas com um desenho de árvores altas, azuis e sem folhas, uma treliça de madeira esculpida se abre para os quartos adjacentes. Num canto de meu quarto há um cabide de roupas preto laqueado na forma de uma runa chinesa. Noutro canto, fica um aparelho de TV sobre uma mesinha. Exceto isso, o quarto não tem mais nada. No teto, um lustre de vidro esculpido quadrado, contendo três bulbos fluorescentes de diferentes tamanhos aninhados um dentro do outro, oferece várias opções de iluminação.

Deitada em minha cama, ouço o som de um gafanhoto cricrilando em algum lugar atrás de um painel. A luz da saleta passa pelos painéis de papel da porta, brilhando com suavidade. O vento sopra contra uma persiana, fazendo-a resmungar. A grade esculpida de pinho no alto da parede permite a troca de ar entre os aposentos, e posso ouvir o ressonar suave e os roncos ocasionais de meus companheiros de viagem. Esta noite só preciso dormir. Nenhuma preocupação com tarefas ou compromissos a cumprir. Hiroshi arranjou tudo. Existe algo de maravilhoso nessa procura, que nos remete ao mundo da infância, quando a vida era um parque cheio de atividades, a curiosidade mal começava a florescer, tudo parecia recémcriado, e todas as coisas da vida, as preocupações mesquinhas quanto a direções, pagamentos, refeições e horários, tudo isso era coordenado pelos adultos. Só nos restava nos maravilharmos com um mundo surpreendente. Removendo todas as preocupações e incômodos, Hiroshi nos devolveu a esse estado de liberdade.

Uma violenta tempestade nos sacode durante a noite, e os ventos, mudando subitamente de direção, parecem quimonos de seda roçando nas árvores. Às 8h30min, Peter, Hiroshi e eu nos encontramos no térreo para um café da manhã que consistia em sopa de missô, salmão recém-cozido, ovo cru, pão, arroz, repolho e café. Uma caixa vermelha laqueada em frente de cada um de nós contém tiras de alga marinha seca.

— Bem, o que você acha, Hiroshi? — pergunto, enquanto enrolo um pedaço de alga ao redor de uma bola de arroz e ovo cru.

— Acho que não — responde ele, balançando a cabeça. — Você joga golfe? — pergunta ele inesperadamente.

— Não — respondo.

— Eu estava pensando esta manhã — continua Hiroshi — em golfe. No golfe, se você consegue um buraco de uma tacada, é um passarinho; se forem necessárias duas tacadas, é uma águia, mas três é um albatroz.

— Como é que se faz um albatroz? — pergunta.

— Você iria precisar de um buraco comprido — de pelo menos um por cinco — e teria de dar duas tacadas...

Hiroshi e eu começamos a rir quando a mesma imagem nos ocorreu. De Tóquio a Hachijojima é a primeira tacada. De Hachijojima a Torishima é a segunda. Estamos numa feira invisível. O destino está escolhendo seus tacos.

Eke-san pega dois vasos de orquídeas e os leva, com dulcamaras e uma haste de ave-do-paraíso, para uma sala contígua. Um instante depois, um sino dobra, e o cheiro de incenso preenche a casa. Quando ela volta à cozinha, acompanho a trilha de incenso até o aposento que ela deixou e encontro um templo de madeira grande e esculpido cuidadosamente. No centro do gabinete, encontra-se um Buda dourado com uma das mãos levantada, ladeado por uma vela púrpura e rosa, e uma chave de bronze com uma fita amarela. Eke-san deixou cinco grandes frutas parecidas com caquis como oferenda, juntamente com dois vasos de flores, um copo com água e alguns bastões de incenso. Contas de oração marrons pendem de numa mesa baixa. Todas as esculturas no gabinete mostram pássaros — grous e gralhas de asas azuis — voando para sempre através da alma da madeira.

Voltando à sala de jantar, fico sabendo que o capitão nos telefonara, dando péssimas notícias a respeito do céu. Quem sabe por quanto tempo este sistema de tempestades pode continuar? Então nos encontramos presos pelo tempo em Hachijojima, sem nada para fazer a não ser nos familiarizar cada vez mais com sua cultura e esperar a calmaria. Neste novo clima, às vezes sentimos como se também estivéssemos excessivamente vestidos e retiramos o sobretudo de um uso que nos é caro em determinado lugar, e deixamos o suéter de um hábito familiar em outro. Não usamos mais talheres ocidentais, nem camas, nem banheiros. Paramos de consultar relógios.

Peter e eu começamos a falar palavras de cortesia em japonês, as quais fomos adquirindo ao longo do caminho. A única palavra de cortesia básica que não aprendemos foi aquela usada para dizer "não". Ainda não tivemos qualquer necessidade de utilizá-la. Quando nos oferecem comida, aceitamo-la com gratidão e comemos com muito prazer. Quando nos oferecem bebida, também a aceitamos e bebemos copiosamente. Quando somos levados ao longo de um cais ou através de uma cidade ou dentro de uma loja, ou um templo, vamos atrás, presenteando os olhos com o panorama que se desenrola ao nosso redor. Caímos automaticamente no repertório de mesuras, que são moeda corrente social. Umas não exigem mais do que uma ligeira inclinação da cabeça; outras são mais complexas: por exemplo, quando nos sentamos a uma mesa, segurando-a com ambas as mãos e balançando para a frente e para trás.

Dez meses e cinco dias depois de termos começado a planejar a nossa empreitada, ainda temos dois dias de viagem antes de chegar a Torishima. Ainda há mais suprimentos a comprar, os mapas meteorológicos a consultar, como se fossem as entranhas de um grande pássaro. Temos um enorme senso de peregrinação e, da mesma forma que um iniciado deve efetuar uma árdua jornada religiosa para encontrar o que é sagrado, daremos muitos passos inevitáveis e suportaremos muitos sacrifícios em nossa peregrinação. Em tempos ancestrais, as pessoas partiam em peregrinações para ver uma relíquia sagrada ou algum outro artefato. A jornada era tão importante quanto o objetivo, mais importante na verdade porque tinha a intenção de temperar os metais suaves da alma. No Japão existe uma arte tradicional de forjar espadas em que o metal é aquecido, dobrado, martelado, aquecido, dobrado e martelado novamente centenas de vezes. A cada etapa, o metal se torna mais fino, porém mais forte. O mesmo ocorre com as peregrinações. Quando finalmente chegarmos a Torishima, estaremos navegando à noite e teremos de esperar até a manhã para vermos os pássaros. E haverá as escarpas a escalar. Poucas pessoas já viram esses pássaros; muito poucas eram ocidentais; nenhuma mulher. Hiroshi não submete seus alunos a uma viagem dessas; é perigosa demais. Embora esteja indo a Torishima por muitas razões, em parte vou para ser testemunha. Formas de vida como essas precisam ser vistas e celebradas. Este é meu privilégio, como uma louca pela terra, mas também é meu dever como membro da espécie responsável pela sua destruição.

Ver um albatroz de cauda curta se tornou uma obsessão abrasadora. Em sonhos, sinto a brisa de suas enormes e lentas asas, e aperto seu peito suave e condenado em meu rosto. Por dez meses consecutivos, ele me atraiu como uma sereia alada, enlouqueceu meu calendário, dominou minha imaginação, fez-me ficar tonta de excitação e voar como louca em meus sonhos.

Peter começou a vida num orfanato de marinheiros, junto com um irmão gêmeo e uma irmã, em Brixham, uma pequena aldeia de pescadores na costa sul de Devon, sudoeste da Inglaterra.

— Era um lugar maravilhoso — ele nos explica, enquanto sentamos no chão da sala de jantar, ouvindo a chuva cair num telhado de metal do outro lado da rua com um ruído que parecia o de pandeiros tocados bem baixinho. — As pessoas falam: "Como é terrível crescer num orfanato." Mas deixe-me contar a vocês que isso nos deu um grande impulso. Era um prédio enorme de granito, com grandes frontões, tinta verde e muitos garotos — cerca de 50 ou 60 deles — e era maravilhoso, porque isso nos ensinou a viver. A maioria dos garotos acabou saindo do orfanato direto para a Marinha Real ou a Mercante. Como era um lar de marinheiros, aprendíamos tudo sobre o mar. Tínhamos uma biblioteca repleta de livros sobre o mar. Nos fins de semana e à noite saíamos para navegar com baleeiros, grandes baleeiros. Pode imaginar o que era isso para um garoto de nove ou dez anos? Costumávamos sair velejando, excursionando pelas charnecas, convivendo com a navegação, escalando rochas.

— Logo abaixo de nós havia uma escarpa cheia de pássaros marinhos acasalando, um lugar chamado Berry Head. Aos sábados, costumávamos explorar o lugar. Você sabe como são os jovens. Eles nos deixavam sair, e a gente corria solto, explorando tudo e se pendurando em encostas. No inverno aquelas encostas eram absolutamente desertas: rochas nuas e cinzentas. Mas, quando chegava a primavera e o vento soprava com um quê de gelo, os pássaros que haviam estado no mar voltavam e começavam a reocupar suas colônias de ninhos. Se você tem um olho de artista, pode desenhar pássaros e subitamente percebe que embora tenha um pássaro comum, quanto mais o olha, mais descobre que ele é um indivíduo. Você começa a ver pequenas diferenças em cada um. E por isso comecei a me acostumar com certos pássaros que voltavam, especialmente alcatordas e corvos marinhos comuns, e eu sabia quais pássaros eram os mesmos do ano passado e do anterior. Dois anos, quando se é criança, parecem uma vida inteira. Então a volta dos pássaros para acasalar era um grande acontecimento em meu ano. Eu queria ver quem — e como — sobrevivia. Acho que foi nessa época, na tenra idade, que me apaixonei pelos pássaros.

Peter deixou a escola aos 15 anos, sem quaisquer qualificações ou diploma, mas acabou se formando em artes pela Universidade de Londres. Então conseguiu um emprego estável como arquiteto. Sua esposa trabalhava no prédio ao lado, e eles podiam ir ao trabalho a pé. Tinham uma casa, carros, férias pagas e uma pensão; levavam uma vida conveniente, previsível e segura.

— Mas chegou um dia — diz Peter — em que eu disse a mim mesmo: um dia vou ter 60 anos, olhar para trás e perguntar o que fiz com minha vida. Terei conseguido segurar um emprego, essas coisas todas, mas o que eu fiz de verdade? Com isso em mente, jogamos tudo para o alto — vendemos a casa, dois carros e compramos um Land Rover — e convenci minha mulher a darmos a volta ao mundo. Achávamos que levaríamos quatro anos para visitar todos os refúgios de pássaros marinhos do mundo. Não existia um guia de pássaros marinhos que fosse realmente bom, uma autoridade no assunto, e decidi escrever um. Os quatro anos se transformaram em sete, e viajamos para todos os lugares, conseguindo empregos nos mais diversos lugares. A maioria dos trabalhos era em barcos, por ser a melhor maneira de se estar perto de pássaros marinhos. Trabalhei em todos os tipos de barcos de pesca, traineiras e barcos de pesquisa. Quando voltamos para casa, estávamos sem um tostão, e eu tinha uma família para sustentar. Então consegui um emprego como cortador de filés de peixe. Levantava às 5h, ia até o Fish Gate às 6h e fazia filés de peixe até por volta do meio-dia, tomava banho, ia para casa, pegava o livro e começava a escrever e ilustrar. Passei quatro anos trabalhando 18 horas por dia. Muitas vezes trabalhava até depois da meia-noite. Levei três anos só para fazer aquelas 1.600 ilustrações de pássaros marinhos.

Quando o guia de Peter foi finalmente publicado, em 1983, depois de 11 anos de pesquisa, ele conseguiu um emprego dando palestras para uma empresa de cruzeiros, cujos navios se tornaram suas aldeias flutuantes. Como tendiam a ir a lugares remotos e exóticos, permitiam que ele preenchesse sua vida de forma aventurosa. Já esteve na Antártida dezenas de vezes. Mesmo em viagens corriqueiras podem haver surpresas.

— Sempre digo aos passageiros — continua Peter — que se pegarem algum pássaro no convés podem jogá-lo em minha cabine. Bem, uma vez houve uma noite daquelas no bar, e quando voltei havia 42 pássaros voando ao redor da cabine!

Embora ele não seja um "listador" (um ornitólogo que mantém um registro compulsivo das vezes que avistou determinado pássaro), já viu 315 das 320 espécies de pássaros marinhos. As únicas que ainda faltam ser vistas são o albatroz de cauda curta, a andorinha cristada chinesa, a gaivota-viúva, o petrel de Barau e o petrel de Fiji (que só foi avistado duas vezes nos últimos 99 anos). Por temperamento e circunstâncias, ele passa de sete a nove meses por ano no mar. Quando está em casa, trabalha em grandes pinturas, em sua maioria de pássaros marinhos. A maior parte do tempo ele passa como guia de ornitólogos, conhecido por seu espírito divertido, pelas brincadeiras que faz, pela apreciação do sexo oposto e por ser bom de copo, assim como sua insistente recusa em deixar o que antes fora pedras, geleiras, tempestades, desertos interpor-se entre ele e um pássaro. Sempre que desembarca em qualquer lugar, sobe imediatamente no ponto mais alto. Há um ano, no convés de observação de um navio na Antártida, quando Peter havia acabado de descer, ouvi uma mulher dizer a seu vizinho: "É fantástico como o oceano se torna um deserto quando Peter vai embora." Mas dificilmente um dia se passa em que ele não esteja fazendo um esboço, uma pintura ou visualizando alguma coisa.

Por fim, em certa manhã o dia nasce calmo e agradável. Fazemos as malas apressados, degustamos um enorme café da manhã, e corremos até o cais, onde um *sencho* alto e magro nos recebe a bordo de seu barco de pesca. Por horas, Hiroshi foi uma combinação de intensa excitação e pavor absoluto. De fato, é um testemunho à sua devoção ao albatroz de cauda curta que ele se sinta disposto, até alegre, quanto a fazer esta viagem periodicamente, embora saiba que ela o condenará a um enjôo marinho devastador. O "mal de mer" é um problema do qual ele sofre diabolicamente: sempre sofreu e sempre sofrerá. O fantasma do enjôo o caça por dias antes de cada viagem a Torishima, e, como ele sabe, novembro promete mares colossalmente altos. A bordo do barco, a primeira coisa que faz é tomar um soporífico contra enjôo e se deitar em seu beliche favorito, enquanto Peter e eu subimos até o topo do convés e nos sentamos num postigo. Acenando despedidas a Eke-san, Toma-san e algumas pessoas que nos desejam sorte, vamos nos afastando lentamente. Uma tartaruga marinha marrom-avermelhada passa nadando como uma bóia de segurança que nos leva a um porto seguro. Uma linha de barcos de pesca aparece no horizonte com redes de arrastão para pegar sardinhas. Logo Hachijojima vai diminuindo na distância, até se tornar uma pequena pedra preciosa incrustada no bisel do oceano. O barco rola de um lado para o outro. Um mastro azul balança contra um céu do mais claro azul. Cordas douradas grossas pendem como galões militares ao redor de uma mezena verde-escura. Outras cordas estão enroladas frouxamente no convés como cobras adormecidas. A um canto do convés da popa, grandes galões plásticos de água sacolejam contra suas amarras. Mais estreito no alto, o mastro balança ao vento. Neste mar de quase dois metros, as ondas correm selvagens e picadas, mas ainda não aparecem grandes marés abertas. Uma extensão de nuvens brancas de algodão, recortando o horizonte, fala-nos de uma ilha em algum lugar abaixo delas, mas distante demais para vermos. À medida que as marés vão ficando mais fortes, a espuma das ondas parece branco-fosforescente contra o azul glacial do mar profundo — cores familiares na arte japonesa. De vez em quando o barco dá um salto — como uma gaveta empurrada bruscamente de volta ao armário. Então a espuma do mar se torna as ferraduras de cavalos em pânico.

Peter sobe até o convés da popa e fica em pé na amurada, binóculos nos olhos alcançando distâncias. Quando o barco se inclina, ele põe as mãos nos bolsos, dobra os joelhos e permanece perpendicular ao horizonte quando um lado do barco e então o outro balança para cima: ele é o braço do momento ao redor do qual o barco rola. Entramos num reino de bandos de barcos de pesca, todos brancos, com uma pequena e vibrante vela de mezena verde na proa.

— Estamos fora da sombra da terra agora e em alto-mar — avisa Peter, animado, ao subir de volta ao convés superior. Parece relaxado e feliz. O mar é tão familiar para ele quanto um velho ditado. — Existe um ritmo no mar — ele sentencia —, um ritmo que muitas vezes a vida de uma pessoa não tem. O mar obriga você a adotar seu ritmo. Você não tem escolha. Então, às vezes penso no oceano como o coração pulsante do mundo. Se você ficar em qualquer lugar em sua margem, mesmo que seja num lago, e simplesmente ficar escutando, deixando a placidez descer a seu redor, não importa onde estiver, sempre há um ritmo, uma batida. Adoro ser parte desse "eu" superior. O oceano é um ser vivo... é frágil e nos ensina quanto somos vulneráveis como espécie. Mas para mim é também uma rota de fuga; acho difícil estar em um lugar.

— E também há pássaros incríveis. Quando vejo um pássaro

marinho, às vezes a milhares de quilômetros da terra, sempre me sinto repleto de uma espécie de dormência, porque sei que, se você levasse qualquer um de nós a dez quilômetros da terra e nos jogasse do barco, provavelmente nenhum de nós chegaria à margem. E mesmo assim se pode pegar um pássaro marinho com um cérebro do tamanho de uma ervilha, levá-lo a dois mil quilômetros da terra, e ele não só sobreviverá, como também voltará a seu local de ninho original. — Levantando uma das câmeras, ele tira algumas fotos dos barcos de pesca colados como travesseiros contra o horizonte.

Uma onda repentina nos apanha, e nosso barco desliza igual a uma carruagem balançando apenas numa das rodas. As ondas azul-cobalto ficam espessas com a espuma branca, como se alguém tivesse levado um batedor de ovos para o oceano. O imediato do navio bate no postigo de madeira em que estamos sentados. Ele nos dá canecas de sopa e macarrão, e dois pares de pauzinhos. Meu estômago também está dando voltas, mas não há nada como um mar revolto para fazer o espírito se animar, nada como o resfolegar e a espuma das ondas para nos preencherem com um senso galopante de aventura. Em algum lugar no oceano existe sempre uma rua ensolarada levando até o horizonte um caminho de luz brilhante. Soltos, navegamos direto para ele. Quando chega a tarde, o oceano ganha a cor da obsidiana, e a rua ensolarada se estende a nosso estibordo.

Às 15h, Peter avista um albatroz de pata preta a leste, e em segundos ele atravessa o horizonte atrás e a oeste de nós a cerca de 100km/h, indo direto para a frente, depois planando de lado e descendo rápido até a superfície do mar, somente para tornar a subir depressa. Albatrozes voam em três dimensões. Chamam isso de elevação dinâmica, uma expressão desajeitada e mecânica. Um albatroz pode efetuar um movimento em pleno vôo tão perfeitamente equilibrado e sintonizado às maravilhas compostas do vento e da água, que não precisa pousar, ou sequer bater as asas, por horas, por semanas, na verdade por meses. Graças à confiável magia da física, o vento logo acima da água sopra mais devagar do que o vento mais no alto. Se um albatroz voando sobre o oceano desejar subir, mas não quiser bater as asas para chegar lá, ele inicia um longo e lento mergulho na direção da superfície do mar, onde penetra na zona de movimento mais vagaroso.

Suponha que o pássaro esteja voando a 30km/h em um vento de 80km/h. Quando ele voa na direção em que o vento está soprando, atravessa a superfície do mar a 110km/h. Mas quando mergulha no ar quase parado perto da superfície, ele tem *momentum* de sobra, do qual não pode se desfazer. Sabendo que tem toda essa velocidade extra, ele troca parte desses 110km/h pela altitude e dispara ainda mais alto do que antes. Ainda está voando a 30km/h, mas numa altitude maior agora, e então torna a se voltar para baixo, e continua seu movimento perpétuo de mergulhos e subidas. Como é crucial entrar no ar que se move com a velocidade mais baixa, o mais próximo possível do mar — cada fração de centímetro conta — os albatrozes manobram com destreza, equilibristas de corda bamba na superfície do mar. Às vezes pode-se até ver suas penas tocando a água. Sobre o mar loucamente agitado, os albatrozes acompanham cada flutuação mínima da superfície com as pontas de suas asas. E não têm necessidade de batê-las. De fato, um albatroz voando por quase mil quilômetros baterá menos as asas do que um pardal atravessando uma rua estreita. Quase certamente o albatroz que estamos vendo está vindo de Torishima, e o saudamos como um arauto, acompanhando seu vôo até ele sumir de vista.

Os albatrozes costumam voar até os barcos para fazer um banquete com restos de comida ou pescar no rastro revolto do barco, e os marujos os recebem com alegria. De todos os pássaros da terra, os albatrozes têm encantado pessoas de todos os países através dos tempos. Para começar, possuem uma colossal envergadura de quase 4m e podem pesar até 12kg. Uma águia ou um condor são tampinhas comparados ao albatroz. De cores exóticas, eles brilham como cetim e são serenos, gentis, se não nobres. Não é à toa que aparecem no sortilégio e no mito de muitos países, como Coleridge sabia ao libertar um na sua "Balada do Velho Marinheiro", poema que em muito contribuiu para formar a imagem do albatroz como uma ave agourenta. Na verdade, Coleridge jamais viu um albatroz. Em 1797, quando ele e Wordsworth partiram em uma caminhada até Somerset, decidiram financiar a viagem, cada um escrevendo um poema narrativo. Mas a Coleridge faltava assunto. Wordsworth, um amante de história natural, que havia lido um relato da navegação de um explorador pelo Estreito de Drake, deu a Coleridge a idéia para sua "Balada". Baudelaire também escreveu sobre esse "monarca das nuvens", que via como uma metáfora do poeta, tantas vezes desajeitado no mundo terreno, mas apenas por causa de suas asas grandes e poderosas. Em *Ida*, Gertrude Stein admirou a cerimoniosidade dos albatrozes: "Ela ouvira um dia dizerem que os albatrozes, pássaros de cujo nome gostava, sempre se curvavam antes de fazer qualquer coisa." Os maoris, da Nova Zelândia, esculpem albatrozes em seus barcos para garantir uma viagem segura.

Os albatrozes fazem ninhos, preferindo lugares afastados, mas passam a maior parte de suas vidas voando, a vagar pelos oceanos do mundo. Nômades, sempre em movimento, cheios da eloqüência e do balanço do vento, são criaturas ligadas de modo inextricável ao mar. Por incrível que pareça, eles podem voar por quatro ou cinco anos antes de retornar à terra. Em ventos baixos, estendem as asas como velas de lona enfunadas. Em ventos altos, dobram parcialmente as asas e as seguram em um ângulo para reduzir a área da vela. O tempo ruim é o deleite de um albatroz. Ele pode até tirar um cochilo enquanto voa. Como possui um pequeno registrador de velocidade do vento no bico, pode dormir enquanto o cérebro entra numa espécie de piloto automático; uma rajada súbita de vento envia um sinal rápido para ele recolher as asas ou estendê-las. Na verdade, um albatroz já bateu na lateral de um barco enquanto dormia. Mas quando voltam à terra sabem aproveitar integralmente seu palco verde. Sua corte envolve longas e elaboradas danças de aspecto oriental, cheias de beijos, carícias e poses, como dançarinos de *kabuki* — chamadas de acasalamento sinfônicas —, que ecoam das colinas onde fazem seus ninhos. Os observadores ficam encantados com sua beleza e costumes. Seus nomes latinos refletem a majestade e o romantismo que as pessoas encontraram neles, traduzindo em maravilhas como "deusa da lua de costas brancas".

O primeiro relato publicado usando a palavra "albatroz" encontra-se numa coleção de cartas do Dr. John Fryer, publicada em 1698, em que descreve uma viagem ao redor do Cabo da Boa Esperança, na rota da África do Sul até as Índias Orientais. Ele soletrou a palavra "albetross" (*sic*) como uma corruptela da palavra portuguesa *alcatraz*, que era usada para nomear qualquer pássaro marinho grande (oriunda provavelmente do árabe *al-ghattas*: águias marinhas de cauda branca). Em 1744, quando *sir* William Halley fez uma viagem a South Georgia, escreveu sobre o albatroz como arauto do Cabo. Como os albatrozes gostam de se alimentar em água rasa onde existam baixios, um bando de albatrozes pode muito bem ser o primeiro sinal da proximidade de terra. Para os marinheiros, eles simbolizavam algo mais mítico. Albatrozes, como já foi observado, são acompanhantes habituais de navios, e não há nada mais estranho do que estar no convés de um navio, olhar para cima e ver um pássaro grande como, digamos, um albatroz errante, com uma envergadura de cerca de 4m, planando até você, flutuando absolutamente sem qualquer movimento sobre as asas esticadas, olhando para baixo e inclinando a cabeça para o lado como se já o conhecesse. Gente supersticiosa costumava dizer que os albatrozes eram os espíritos reencarnados de marinheiros mortos que procuravam por seus amigos. Mais leves que o ar, formados pela combinação de vento e ondas de cristas espumosas, eles flutuavam como almas transmigradas sem descanso. Mesmo assim, os marinheios matavam albatrozes e encontravam utilidade para a maioria das partes do seu corpo. Seu vômito oleoso era usado para impermeabilizar botas, as penas pequenas do peito para fazer luvas ou capas, e as peles costuradas juntas para fazer tapetes de penas. As carcaças processadas produziam fertilizante e óleo. Os marinheiros faziam bolsas para tabaco com as membranas de ligação das patas, e cachimbos com os ossos ocos das asas.

Logo o sol desliza para trás de uma densa parede de nuvens alaranjadas e encontra um buraco pequeno, onde se aloja, como um perfeito rubi acima do horizonte, desaparecendo finalmente num caldeirão fumegante de nuvens cor de malva. Depois do crepúsculo, descemos até o convés e nos enfiamos na cabine de teto baixo, atulhado e na penumbra, que parece um quarto que uma criança truculenta recusou-se a arrumar. Quatro metros de comprimento e 2m de largura, ele tem apenas 1,5m de altura. Sobre um fogareiro a gás, uma chaleira esmaltada verde está cercada de aço inoxidável. A seu lado, um aquecedor de arroz de porcelana branca, sob um calendário cujas fotografias mostram pescadores japoneses trabalhando. Embora essa caverna seja pequena e baixa demais para se sentar, o espaço está completamente abarrotado com toda espécie de equipamento eletrônico: um videocassete, uma TV, um aparelho de fax receptor capaz de fazer a previsão do tempo, telas de navegação, e há até mesmo um templo de madeira. Seis de nós se esticam em cobertores azuis e verdes na cabine quente, espessa com a fumaça de cigarros e do cozimento dos alimentos. O *sencho* distribui tigelas de arroz, inhame, tofu frito, ovos, camarão e lula. Enquanto os outros comem com grande apetite, sinto enjôo e vomito vigorosamente na minha tigela, virando-me tanto quanto possível para um canto. Com nada por dentro para me alimentar por mais de 24 horas, terei de beber muita água quando chegar a Torishima. Mas logo me sinto bem por estar tão vazia, tão pronta para ser alimentada novamente. Depois do jantar, a tripulação conversa baixinho entre si em japonês, e Peter e eu em inglês. Nossos idiomas fluem com tempos e inflexões tão diferentes, que cada qual flutua facilmente pelos espaços abertos do outro. Às vezes sinto como se fôssemos viajantes do tempo, entrando no meio de um segundo e outro de mera cronicidade, em um mundo onde nos guiamos enfim pelo tempo das estações.

Ajeitando os ombros contra a parede, Peter enfia uma jaqueta enrolada embaixo das costas e tenta encontrar um lugar para suas pernas na confusão de membros. O *sencho* passa para ele uma lata de cerveja em cujo rótulo se pode ver um animal mítico, metade cavalo, metade dragão. No brilho de uma única lâmpada elétrica, ficamos sentados pensativos, enquanto o pequeno barco de pesca desliza as colinas de vidro do oceano. O mar assoma escuro como o interior da Terra, não importando para que lado eu olhe em sua lisa extensão. Só existe uma luz acesa. Somos entidades tão frágeis para estar à deriva neste vasto oceano. Lembro-me da oração do marinheiro: "Proteja-me, Senhor, pois o oceano é tão grande e meu barco tão pequeno." Uma onda forte balança o barco, joga as pessoas que estão dormindo umas por cima das outras e solta potes e panelas de suas amarras.

— Estação dos tufões — comento. — Agora entendo por que chamam isto de mares "altos". Mas aposto que você já encontrou pessoas muito interessantes neles.

Apoiando um braço contra o teto, Peter evita em cima da hora rolar por sobre um membro da tripulação adormecido.

— Sabe — diz ele —, as pessoas do oceano são sem dúvida algumas das personagens mais brilhantes, engraçadas e, em alguns aspectos, tristes que se poderia esperar encontrar. Acho que o oceano expõe o melhor e o pior das pessoas, e tem alguns momentos hilários, e momentos, claro, em que você está em perigo, mas basicamente é possível se divertir mais no oceano do que seria possível em terra. Você conhece gente mais bizarra. Eles têm um ritmo de vida que é igual ao oceano. Raramente é plácido: ou está soprando com força, ou com muita força. Não parece haver momento de calmaria: está sempre acontecendo alguma coisa em suas vidas, sejam pescadores ou pesquisadores, como eu.

— Duas das figuras mais impressionantes que conheci viviam em Bluff, South Island, na Nova Zelândia. Quando viajávamos em nosso Land Rover, muitas vezes tínhamos que trabalhar ilegalmente, sem permissão, e era apenas uma questão de bater na porta das pessoas para pedir emprego. Trabalhei ganhando muito pouco, mas esperava ser capaz de trabalhar com pássaros marinhos. O dinheiro sempre foi um problema. Eu devo ter tido cerca de duzentos dólares naquela época, e estávamos no meio de uma volta ao mundo, sem emprego e tentando achar trabalho num porto de pescadores. E Bluff é o equivalente da Nova Zelândia, digamos, da Cannery Row* de Steinbeck. Havia personagens maravilhosos. A linguagem era terrível. Nunca ouvi uma linguagem daquelas na vida. Eu já havia passado pelos três bares de Bluff — todos do tipo que eu chamaria de pé-sujo —, freqüentados somente por pescadores. Então, estava por ali havia três semanas e sabia que tinha falado com todos os arrais, e todos me disseram não. Percebiam por meu sotaque que eu era inglês, e naturalmente isso não era uma boa coisa, porque eu não era do local. Mas se

---

* Cidade que dá nome a um dos romances de John Steinbeck, escritor norte-americano que recebeu o Prêmio Nobel de Literatura em 1962. (N.T.)

tem uma coisa que tenho na vida é perseverança. Fui a um bar em que já tinha ido muitas vezes nas semanas anteriores e vi duas pessoas sentadas lá que sempre me impressionavam, simplesmente por causa da disparidade entre elas. Havia um sujeito menor do que eu, porém mais largo, com uma vasta cabeleira, e se chamava George West. O que George tinha de pequeno, o outro tinha de grande. Devia ter entre 2,5m e 2,10m, e era tão largo quanto George, com uma grande cabeleira preta. Ambos eram maoris. A pequena estatura de George devia-se ao fato de que seu pai fora um pescador de focas russo que abandonara o navio onde trabalhava e casava com a filha do patrão.

— Bem, fui até eles e, sem ser convidado, me sentei ao lado dos dois. Eles não estavam nem aí. Apresentei-me. Disse: "Desde a última vez em que vi vocês, já tentei cada maldito barco de pesca da frota e não estou chegando a lugar algum. Não vou conseguir nenhuma oferta de trabalho. Embora eu não conheça barcos de pesca de lagostins, já trabalhei em traineiras, já cortei filés de peixe e sei fazer praticamente de tudo num barco. Não há jeito de convencer vocês disso, mas tenho tanta confiança em minha capacidade, que sei que, se vocês me levarem para uma viagem, vão ver. Nenhuma precisam me pagar: mas, no final da viagem, se acharem que eu valho alguma coisa, vamos sentar e conversar a respeito." Nem resposta. Big John levantou um pouco a cabeça e tomou o conteúdo do copo de uma só golada, que na verdade era um copo de meio quartilho com pelo menos um terço cheio de uísque. Eles bebiam bem, trabalhavam duro e eram homens do oceano. E George olhou para cima e começou a falar sobre alguma coisa completamente diferente. Começou a falar sobre o fato de que os peixes não estavam dando muito, e se eles não deveriam tentar mais para o sul, e percebi que não estava chegando a lugar algum. Olhei para o garçom e pedi um copo; ele chegou e colocou um copo do tamanho do deles, e George levantou a cabeça e perguntou: "Quer uma bebida?", e respondi: "Claro, eu quero uma bebida, mas o que eu queria mesmo era um emprego." George desconsiderou inteiramente o comentário e pegou a garrafa de uísque, que estava na mesa à nossa frente, e começou a servir. Não em meu copo, mas primeiro no dele e depois no de Big John, e parou um tempo suficiente para pelo menos pensar se deveria ou não me dar a bebida, e então começou a servir. Derramou tanto em meu copo quanto servira nos copos dos dois. Então colocou a garrafa na mesa com mais força do que o necessário, e suspeitei que ia haver uma exibição de bravata. Ele levantou o copo, olhou bem nos olhos de Big John — e, conforme vim a conhecer George, descobri que ele tinha um senso de humor meio distorcido — e comentou: "Bem, vamos esperar que a próxima viagem seja melhor do que a última." Levantou o copo e, num movimento, engoliu um quarto de quartilho de uísque e tornou a pôr o copo na mesa. Big John pegou seu copo e, sem uma palavra, levantou-o. jogou a cabeça para trás e o uísque desapareceu. Não houve exclamação, não houve a mínima tosse; simplesmente desapareceu, como se ele tivesse jogado tudo num cano. Meu pai costumava falar por meio de vários pequenos ditados, e um de seus favoritos era: "Quando estiver com homens, aja como um deles." Eu tinha apenas 27 anos, mas levantei o copo, olhei os dois nos olhos e disse: "Espero estar com vocês." E joguei aquele uísque goela abaixo. Nunca, nunca me senti pior na vida do que naquele momento — de vergonha, de vontade de vomitar. Aquele uísque me bateu de tal forma, que antes de descer todo pela garganta o estômago já protestava, estava em convulsões; e a garganta queimava. Mas segurei aquele copo, e eu podia ver que eles notavam que eu estava tremendo. Meu corpo inteiro estava tremendo, e o copo desceu e bateu na mesa, e as lágrimas corriam de meus olhos e olhei os dois na cara, e George olhou para Big John com um olhar de viés e um sorriso safado, e falou: "Sabe, esse desgraçado é gente boa. Acho que vamos levá-lo." Não passava de cinco da tarde, e não sei quanto tempo isso durou: só senti que logo depois eles me tiraram de lá e me jogaram na traseira de uma picape como se eu fosse uma ovelha morta ou coisa parecida, e me levaram até o acampamento, que era onde estávamos morando. Bateram na porta do Land Rover. Minha mulher abriu a porta e ficou horrorizada ao ver um sujeito enorme e outro homem, quase um anão, me segurando; àquela altura, eu estava absolutamente inconsciente e fedendo a uísque. Eles me jogaram no chão. George se virou para minha mulher e disse: "Diga pra esse sujeito que, se ele ficar sóbrio e ainda quiser ir, estamos partindo às seis da manhã." E esse foi o começo dos dois anos e meio mais maravilhosos de minha vida.

— Foi uma época maravilhosa, sendo um pescador de lagostins em Bluff com George e Big John. Eles costumavam sentar para contar histórias no final de cada dia de pesca. Ficávamos trabalhando a cerca de 120 quilômetros de distância de Bluff, depois do fim de Stewart Island, bem ao sul, a 50º de latitude. Estava frio e havia gelo no cordame. Era preciso espalhar sal nos conveses para evitar que congelassem. Eu era o homem do velame, e da limpeza, e também cozinheiro. Sempre fui um cozinheiro razoável; portanto, nisso não havia problema, mas os outros dois trabalhos eram muito ruins, principalmente lidar com o velame. Nós costumávamos trabalhar numa traineira de pesca de lagostins feita de chapa de aço de um quarto de polegada. Devia ter cerca de 20m de comprimento; era um barco bem grande. John e George eram bem diferentes um do outro em muitas coisas, mas ambos tinham um senso de humor muito bom, e também, acho que por serem maoris, não pensavam em termos de um Deus cristão. Eram pessoas que viviam mais por sinais naturais e por um modo de vida natural. E ambos haviam estado trabalhando, assim como suas famílias antes deles, naquelas ilhas. Estávamos num lugar chamado Big Mogey — e se você puder imaginar uma ilha em forma de ferradura com a indentação de frente para leste e todo o clima vindo de oeste, você perceberá que tínhamos um ponto de ancoragem maravilhosamente seguro. Estávamos sempre trabalhando entre tempestades, e alguns dias eram incrivelmente ruins, e as ondas quebravam em cima de nós no convés, e às vezes você era literalmente varrido do chão e achatado contra a amurada. Em duas ocasiões Big John me pegou como um cachorrinho, me sacudiu e me colocou de volta no convés. Ele era imensamente forte.

— Bem, certo dia, tivemos um aviso de tempo ruim. Sempre estávamos tendo ventos de tempestade soprando por ali. Por isso, as pessoas não se incomodavam com os ventos de tempestade normais de força dez; trabalhávamos com eles. Mas tivemos avisos pelo rádio de que uma tempestade realmente grande estava chegando e que todos deveriam tentar voltar para o porto. O porto ficava a 120km de distância, e percebemos que não íamos conseguir mesmo chegar antes da tempestade; portanto, todos os barcos da região foram para uma ilha chamada Pukenai, a cerca de 30km ao sul. Devia haver cerca de 40 barcos correndo para Pukenai. Mas George não ia correr. Como ele disse, seu avô não tinha tido, como ele falou, "O cu chutado pra fora" de Mogey, e seu pai também não, e com os diabos que George West certamente não ia ter "O cu chutado pra fora" de lá só porque havia uma *brisa* chegando. Então ficamos parados. Deitamos âncora, retiramos as linhas de popa e proa, e nos preparamos. Então a tempestade nos atingiu e foi absolutamente horrível; portanto, abrigamo-nos numa pequena baía. A ilha estava ao nosso redor por três lados, mas tínhamos uma janela às nossas costas, de onde podíamos ver a tempestade e as ondas passando, parede após parede de água, com 15m de altura, varrendo a ilha, rasgando árvores que lá existiam há 80 anos. À medida que as ondas passavam, um incrível efeito de sucção começou na parte de trás da ilha. Então ficamos indo para cima e para baixo, e os albatrozes sendo jogados em nossa direção — albatrozes reais, nômades, de testa preta, cabeça cinza, fuligem; era simplesmente fantástico. Havia pingüins ao nosso redor, e outros pássaros sendo soprados por toda parte pelo vento. É realmente maravilhoso ver um pássaro de 3,5m como um albatroz sendo apanhado e atirado pelo vento. Essa tempestade soprou, e soprou e soprou por um dia inteiro. Quando começou a entrar no segundo dia, ficou pior. Em tempestades de força dez para cima, a água é levantada da superfície do mar. Quando você olha, é quase como se houvesse uma nevasca. Ondas enormes ficam cobertas de borrifos e espuma branca: chamamos isso de vapor ou fumaça. E, quando o mar está soltando vapor ou fumaça, então você sabe que não se trata de uma coisa qualquer. Ficamos lá e mantivemos contato por rádio com os caras em Pukenai. Eles ficaram atrás de uma ilha grande e perfeitamente seguros.

— George dizia para esse pessoal em Pukenai: "Seus babaquinhas de merda", desculpe a linguagem, mas era assim que ele costumava falar, "vocês não são homens. Vocês deveriam ser homens de aço em barcos de madeira. Não tem um homem sequer entre vocês!" Eu sabia desde o começo que ele estava abertamente cortejando o desastre. Não se pode fazer esse tipo de comentário e escapar ileso o tempo todo. Passamos pelo segundo dia, e foi no terceiro que a tempestade simplesmente se acomodou sobre o extremo sul de Stewart Island. Ela uivava. Árvores inteiras passavam zunindo pelo céu, e toda a água estava lamacenta do solo que havia sido arrancado da ilha. Era simplesmente incrível. Eu nunca tinha visto tempestade igual. Estávamos tentando tomar o café da manhã e de repente o barco simplesmente virou ligeiramente para bombordo, e George e Big John se levantaram e saíram. E eu fiquei sentado ali, pensando o que diabos estava acontecendo. Big John, o homem do motor, acionou-o rápido, e, enquanto ele o acionava, vi George lutando com o machado de incêndio, que era quase do seu tamanho. Ele estava saindo da porta da sala do leme com o machado, e eu me perguntei de novo o que estava havendo. Claro que eu corri atrás dele. O motor não pegava de jeito nenhum, e George estava na popa do barco, balançando o machado, as cordas de amarração de 5 cm de espessura. Com quatro ou cinco golpes, ele cortou a segunda linha de popa. Foi então que eu olhei ao redor e vi o que havia acontecido. Uma das linhas de proa havia se rompido. George e Big John estavam tão sintonizados com o navio e o oceano, que sabiam que não havia como conseguir aquela linha de volta. George então correu até a proa — estávamos com a popa de frente para o mar — e esperou até o motor pegar, e, assim que o motor pegou, num golpe ele cortou a última corda. E fomos jogados direto para fora daquela pequena baía. Não tivemos tempo para avisar os caras em Pukenai que nossos "cus tinham sido chutados", como George dizia. E, assim que saímos, foi para o rádio e fez contato. Foi por volta de sete ou oito da manhã, e é claro que subitamente todos estavam sintonizados. Os vagalhões estavam absolutamente horríveis. Fiquei sem fôlego. As ondas eram como montanhas. Às vezes você pode estar em ondas de 15m a 18m de altura, mas elas são longas. Você pode ter 300m entre cada uma. Mas aquelas coisas — era como ser colocado num pequeno desfiladeiro. As cristas das ondas tinham apenas de 30m a 50m de distância entre cada uma, e tinham todas entre 12m e 18m de altura. O mar inteiro fumegava. George estava dizendo pelo rádio: "Chutaram nosso cu!" E todo mundo começou a rir e a xingá-lo, retrucando: "Então te chutaram o cu! Nós te avisamos, seu filho da puta!" E então de repente houve uma mudança. George falou: "Só podemos fazer uma coisa; precisamos correr com as ondas até vocês." E eles sabiam que isso era cerca de 30km. Subitamente, em vez de toda a brincadeira e sacanagem que estavam acontecendo, houve um silêncio, uma preocupação séria. Estavam dizendo coisas como "mantenha contato pelo rádio" e "se tiver alguma dificuldade temos um barco preparado e vamos tentar sair". Sabíamos que isso era impossível, claro. Mas era maravilhoso estar no tombadilho e saber que havia cerca de 40 navios todos sintonizados no rádio, ouvindo nosso progresso. E George lhes deu um relatório de progresso dos diabos. Ele gritava: "Lá vem outra dessas filhas da puta, tem 18m de altura, não me mete medo. Seus merdas. Não tem nenhum Deus lá fora, não tem nada grande o bastante pra levar meu barco. Podem ter 'chutado meu cu pra fora' de Mogey, mas eu não vou pro fundo. Não vou ser levado pro fundo."

— Eu costumava olhar ao redor quando ele falava assim, e vou te dizer; ficava escuro. Ficávamos em pé na cabine do leme e escurecia, apavorados de olhar para trás e ver aquela onda enorme nos seguindo, porque numa traineira de pesca de lagostins a maior parte do equipamento fica na parte da frente do barco e só havia uma plataforma grande na popa. Se aquela água tivesse nos atingido de verdade e caído em cima de nós, ela teria empurrado a proa para baixo, e teríamos afundado. As ondas quebravam uma atrás da outra, e dois metros de água caíam em cima do convés. Ficávamos com um metro e meio de água na cabine do leme, e George, ainda a plenos pulmões, gritava: "Você não me mete medo, nada vai nos afundar, nós vamos chegar lá. Se você pensa que pode, tente! Este navio é melhor do que qualquer onda que você quiser mandar. Na próxima me mande a maior. Me dê a melhor, e eu te mostro!" E eu replicava: "George, George, você não acha, você não acha que não devia provocar...", e Big John estava simplesmente de pé ali, preocupado, fumando um cigarro. Então duas ondas grandes nos pegaram de perto, e até George perdeu o equilíbrio, e todos acabamos caindo, e havia água ao nosso redor. Achei que íamos afundar. Aí eu pensei: 'é isso; tire as botas e comece a nadar'. Estávamos todos de cabeça para baixo, e George ainda ria pra diabo e falava: "Você errou, filho da puta, você errou!" Pelo rádio, nós ouvimos:

"George, o que diabos está acontecendo aí? Você está boiando? Está nadando? George, cadê você?" E George pegou o rádio e respondeu: "Nada é grande o bastante pra me afundar. Isto aqui é chapa de aço de mais de meio centímetro. Eu construí este barco com minhas próprias mãos, porra, e a água não vai me levar pro fundo!

— Vou te contar, levamos cerca de três horas para percorrer aqueles 30km. Foi terrível. Havia uma pequena passagem atrás de Pukenai, e quando passamos por ela todo mundo estava no convés — podia-se ouvi-los gritando a um quilômetro. Chegamos lá como heróis. Éramos homens num mundo de homens. A tempestade amainou naquela tarde, mas passamos dois dias bebendo e ficando absolutamente paralíticos. Fomos para casa após duas semanas de pescaria, depois de apanhar apenas 2,25kg de lagostins. Aquilo sim é que foi uma tempestade.

O *sencho* inclina-se bem para dentro da cabine, sussurrando: "Torishima! Torishima!", e apontando para a popa do barco. Rapidamente, Peter e eu pulamos por cima dos que ainda dormiam e saímos para o convés. A noite está congelada de estrelas, estrelas numa vastidão selvagem de estrelas. As luzes de quatro barcos de pesca distantes piscam a bombordo. Então começo a ver uma escuridão maior na noite — Torishima assomando bem à nossa frente. Peter e eu olhamos um para o outro, extasiados, não podendo acreditar. Estamos aqui, estamos realmente aqui em Torishima, depois de tantos meses. Mas ela ainda é um mistério. E onde estão os pássaros?

— Acampamento — aponta o *sencho* para um lado da ilha. Acompanhamos a linha de sua mão, que indica uma direção, mas nenhuma terra ou um porto seguro, apenas uma trilha para o espaço profundo. Nosso acampamento de base está invisível nos sopés das colinas da manhã que se aproxima. Isso não deveria nos surpreender, porque é um reflexo da vida, mas surpreende assim mesmo.

Concordamos, agradecemos a ele e voltamos tontos para a cabine; é como se arrastar para dentro de um curral baixo e flutuante. Peter se ajeita contra uma parede, e eu contra a outra. Fechamos os olhos e tentamos dormir. Não há por que acordar Hiroshi. Não há nada que alguém possa ver ou fazer até o dia raiar. Depois de alguns minutos de silêncio, um grito breve e lamuriento se choca contra as ondas.

Os olhos de Peter se abrem num segundo; ele se senta e murmura animado: — Ouviu só? É um albatroz de cauda curta! — Então, torna a recostar a cabeça em seu suéter de pescador, contra o grande relógio, abaixo do espelho ornado em ouro, perto do conjunto de grandes fusíveis, e adormece sorrindo.

À primeira luz, levantamo-nos e tornamos a sair cambaleantes para o convés; desta vez enxergamos claramente a ilha preta em forma de pepita. Desviamo-nos um pouco à noite, e o *sencho*, calmo, sobe, ficando literalmente em cima do leme, guiando-o com um pé descalço. Hiroshi se levanta e se junta a nós com um sorriso largo. "Torishima!", gritamos em uníssono, braços abertos, como cantores de ópera congelados no meio de uma grande ária

Fazendo muitas idas e vindas na lancha, o *sencho* nos provê, com 50 caixas e sacos pesados de comida, água e equipamento de câmera numa enseada íngreme, cheia de pedregulhos. Acenamos para ele em despedida e nos voltamos um para o outro como se fosse a primeira vez. Hiroshi desembala garrafas compridas de chá chinês e suco de laranja, e os compartilhamos entre nós, junto com pãezinhos doces. Nem Hiroshi nem eu comemos há 24 horas e estamos famintos, mas esta é, implicitamente, uma refeição simbólica, uma chance de parar um momento na borda da ilha e repartir o pão entre nós.

— Torishima — Peter diz em silêncio, fazendo que sim com a cabeça como se respondesse a uma pergunta.

— Torishima — repito, sentindo um pouco do mesmo frio na barriga que senti na primeira vez que olhei por um telescópio. Lá estava Saturno com seus anéis cremosos largos e todas as suas radiantes luas a reboque, exatamente onde devia estar. Um mundo oculto.

— Torishima — diz Hiroshi, com o orgulho de um guardião abrindo a porta de um reino mítico.

Muito acima de nós, num promontório, destacando-se do agrupamento tortuoso e afiado de rochas negras, está a pequena guarnição de concreto que será nosso lar. Chegar até lá significa escalar 14 andares de rocha quase vertical. Os homens carregam as cargas pesadas, em silêncio, embora seus rostos mostrem o esforço. Bufando muito, equilibro cargas mais leves na cabeça, como as mulheres fazem no mundo inteiro, e levo sacos amarrados ao redor de meu corpo. Num ponto especialmente difícil, trabalhamos juntos: Peter joga caixas para mim, e aproveitando esse momento, jogo-as mais alto, onde Hiroshi as levanta ainda mais alto. Em pouco tempo, os cabelos de todos estão encharcados de suor.

— Amigos — diz Hiroshi, apontando para uma segunda enseada, não distante daquela em que desembarcamos, onde a equipe do governo composta de dez homens também começou a descarregar seus suprimentos e subir a montanha como uma longa caravana de formigas. Uns carregam caixas empilhadas à frente; outros têm cestas de plástico amarradas às costas. Acenamos para eles e levantamos nossos primeiros suprimentos pela última cordilheira até a guarnição. Construído em recuo a partir de um pátio de pedra onde estão os restos de um canhão, o prédio tem uma porta e janelas do tamanho de um cano de rifle. À sua frente está uma curiosa pilha de losangos minuciosamente dispostos. Há muito tempo, os sacos de cimento ficaram molhados, se liquefizeram e endureceram. Com o passar do tempo seus sacos externos se desintegraram, deixando essa série de travesseiros de pedra.

Hiroshi entra no prédio, olha ao redor e, fazendo uma careta, pega um rato semi-apodrecido, jogando-o para fora e sentenciando: — É, isto aqui é o lar.

Cumprimentando a equipe do governo a meio caminho montanha abaixo, combinamos forças e passamos a hora seguinte levando todos os suprimentos para cima. Quando alguns dos homens terminam, desembalam pequenas garrafas cor de âmbar de uma bebida fortificante e tomam um tônico de uma só golada. O cozinheiro que trouxeram com eles já começou a preparar o arroz, enquanto os homens cuidam de suas mochilas. Dentro da casamata, as arrumações para dormir seguem um protocolo estrito. Uma parede baixa de caixas corta o centro da sala.

— Você vai perdendo sua privacidade aos poucos — comenta Peter, com uma gargalhada, enquanto ajuda a empilhar as caixas cheias de tudo que se possa imaginar, desde algas marinhas secas até lulas minúsculas.

Cordas dividem nosso espaço do que pertence às outras dez pessoas. Hiroshi, Peter e eu dormiremos num canto, cercados por caixas, e eu entre dois homens. Esta arrumação transmite uma mensagem implícita clara: ela está sendo protegida. Não esperamos nenhum problema. Mas sou a única mulher num acampamento num lugar isolado com 12 homens, e nossas provisões incluem álcool. Quando começamos a desempacotar alguns de nossos itens pessoais, Hiroshi me presenteia com um poncho verde sem mangas feito de náilon. Leve e volumoso, estende-se até o chão e tem um furo com elástico na parte de cima. Ele percebe o espanto em meu rosto.

— Para mudar de roupa — explica, sorrindo. — É o que as mulheres usam em canoas.

Balanço a cabeça, estupefata. Ele pensou em tudo.

A essa altura, alguns dos homens montaram uma mesa baixa de madeira no chão na frente do prédio e rolam um tronco para cada lado, e todos nos sentamos para um café da manhã ligeiro, feito com sanduíches de geléia e manteiga de amendoim, queijo, peixe e arroz. Hiroshi entrega a Peter e a mim tigelas de plástico e canecas esmaltadas vermelhas. Sua própria caneca é preta e branca com um martim-pescador e o *slogan* "Nós adoramos observar pássaros". Depois do café da manhã, nós três ficamos em pé perto da borda da encosta, tomando café, vendo a aurora opalescente sobre o mar. De súbito uma forma escura aparece acima de nós e atravessa o céu descrevendo um arco. Peter dá meia-volta e grita: "Um albatroz de cauda curta: imaturo!" Hiroshi e eu fazemos uma pequena dança de guerra com ele e então o cumprimentamos formalmente. "Oito e trinta e oito da manhã", Hiroshi anota, checando o relógio.

Peter acabou de ver o albatroz que lhe faltava e leva uma das mãos ao peito, onde sente uma dor doce e reconfortante. Seu rosto se inunda de alegria. Por dez anos, ele e Hiroshi trocaram cartas sobre sua vinda a Torishima; Hiroshi o havia avisado para não esperar uma vida inteira. E agora aqui está ele, em pé sobre um afloramento de rocha um dia ocupado e abandonado por caçadores de penas, uma guarnição e uma estação meteorológica, vendo pela primeira vez um albatroz de cauda curta. Esse era imaturo, com suas cores marrons. Ele anseia por ver os adultos, com suas coroas douradas e seus bicos rosados, e decidimos partir imediatamente.

Enquanto todos se preparam para atravessar a ilha a pé, permitimo-nos pequenos rituais de boa sorte: amarrar de novo os calçados, ajustar os capacetes, enfiar as calças para dentro das meias como proteção contra espinheiras. Então nós 13 saímos numa longa caravana, subindo por trás da guarnição, passando pela estação meteorológica abandonada, sobre uma campina íngreme de relva e crisântemos pequenos, massudos e amarelos. Abaixo de nós, saias de lava congelada ondulam na direção da costa, onde um dia cobriram uma aldeia inteira. Fazendo nossa escalada mais íngreme no início do dia, atravessamos a montanha do modo mais oblíquo, subindo uma geleira de lava esmagada e passando por um terreno repleto de sais de enxofre amarelos e crostas pretas quentes. Pelo meio da manhã, atingimos o lugar mais plano da ilha, na base do pico de enxofre. Ali, um campo de rochas de lava — mísseis ejetados do vulcão — transformou o desfiladeiro estreito numa paisagem lunar preta e branca, um pouco cinzenta, varrida pelo vento, "O Deserto da Lua", assim o chama Hiroshi. Ele aponta para um trecho vazio ao fim do desfiladeiro, onde a terra cai e começa a entrada das encostas.

— Vamos poder ver os albatrozes dali — diz ele, excitado.

Todo mundo corre para a frente, mas Peter e eu caminhamos tão lentamente quanto antes. Por fim, já não podemos perder mais tempo. O desfiladeiro se abre numa explosão de pináculos altos e encostas rasgadas pelo vento, onde paredes de rocha se derramam em abismos retorcidos. Ali, à nossa frente, fica a fortaleza dos *ahodori*. Bem no fundo, descendo por um conjunto intransponível de encostas que se entrecruzam, um pequeno bando de pássaros marrons e brancos pontilha a grama. Parecem lenços que alguém deixou cair num gramado. São tão exíguos. Um punho invisível me tira o fôlego e suspiro com força. Corta o coração ver os últimos albatrozes de cauda curta do mundo fazendo seus ninhos. Acima do barulho da brisa, mal podemos ouvir seus assovios e guinchos, e suas castanholas, que soam como canos ocos de madeira batendo uns nos outros. A cena é como que uma aquarela: as encostas imensas e oxidadas cor de laranja, a grama verde embaixo, onde os albatrozes repousam, a face de rocha marrom, os ocres dourados, a lava negra. Com os binóculos, vejo as coroas amarelas dos pássaros, tão próximos agora, mas ainda tão inacessíveis. Acima deles, uma fantasia de albatrozes navega pelo céu. Os homens construíram uma guarnição no outro lado da ilha, mas a natureza construiu uma bem mais forte aqui — e quase impenetrável. Por causa desta fortaleza natural, baseada inteiramente no mau humor da rocha, os pássaros sobreviveram ao extermínio provocado pelos humanos. Peter fica na beira da encosta, uma mão pressionando suavemente os binóculos contra o peito, os olhos úmidos de emoção.

Hiroshi se junta a nós, e ficamos ali, em pé, quietos, contemplando a fortaleza por alguns minutos. É incrível que Hiroshi tenha estudado os pássaros num local tão difícil por tantos anos, nos últimos dez anos, que ele tenha conseguido trazer notícias deles e até mesmo levar esporadicamente o mundo exterior para o seio deles. O fato de os pássaros estarem aumentando em quantidade é um grande testemunho do trabalho de Hiroshi e do apoio do governo japonês. É reconfortante pensar que, num mundo em alta velocidade, onde as pessoas às vezes se contentam com esforços superficiais, naturalistas como Hiroshi estejam devotando suas vidas a salvar uma espécie. Que recordação rica saber que se impediu uma forma milagrosa de vida de desaparecer para sempre do planeta.

— Vamos lá — por fim ele fala; descemos pelo lado leste dos paredões. Hiroshi marcou um grande O com tinta branca em algumas das rochas mais seguras ao longo do caminho. É uma descida íngreme e escorregadia por penhascos de 120m de altura. Quando chegamos a um vão particularmente assustador, Hiroshi amarra uma corda numa rocha. Passando a corda pela cintura e segurando uma parte na mão direita, outra na esquerda, um alpinista forte pode se recostar contra a corda e usá-la para escorregar e frear seu caminho para baixo sem usar um suporte. Nunca escalei com cordas antes, mas gosto de sentir a corda enquanto ela desliza e raspa em minhas mãos. Inclinando-me para trás, tento me abaixar lentamente, mas meus pés dançam, e subitamente escorrego colina abaixo na direção da beira da encosta, agarrando-me à corda. Pedras soltas batem lá embaixo. Todo mundo fica paralisado. Acima, vejo Peter, Hiroshi e os outros dez homens transfixados nas rochas, toda a emoção varrida de seus rostos. Não há por que olhar para baixo. Minha mente é preenchida por um único pensamento: "Não solte a corda." Segurando-me com a mão esquerda, tateio com a direita, encontro um apoio e torno a me erguer para cima. Assim que encontro meu apoio no pé, continuo a atravessar uma ponte de rocha e deixo a corda solta para a pessoa seguinte. Acima, as pessoas voltam a se mover normalmente. O próximo alpinista pega a corda, fica confuso, paralisado a meio caminho, e não prossegue. Peter desce atrás dele e acaba conseguindo fazer com que ele se mexa. Apesar das mochilas cheias de equipamento fotográfico e de análise, o resto da equipe vai gradualmente descendo a primeira parte da encosta, e em seguida vamos até uma queda mais difícil. Aqui, Hiroshi cravou a marretadas quatro formões no topo de uma rocha, no qual pendurou uma corda. Peter e Hiroshi escalam rochas há muitos anos, e entendo na mesma hora o poder de sedução que isso possui. Em cada estação ao longo do caminho, você se sente um gavião, empoleirado livremente nas alturas para poder parar e olhar o vale abaixo e o oceano mais além. Mas gosto especialmente do enigma de imaginar qual rocha dará um bom apoio para a mão; a qual tablete, pirâmide ou silo de terra se agarrar; em que parapeito estreito colocar o pé. Às vezes, você está agarrando violentamente os ossos do planeta e em outros momentos tateando com os pés o degrau mais baixo. É uma estranha busca com todos os seus membros, que o unem, como nada mais o poderia fazer, ao núcleo do planeta, à rudeza que o forjou, aos movimentos do soerguimento e queda congelados eternamente na memória de uma montanha. Rochas possuem veias e faces. E existe a textura da rocha: em um momento ele é afiada, pontiaguda e brutal; no seguinte, suave, generosa e macia. Existem as cores do sangue, da meia-noite e do outono. Existe a íngreme persuasão da gravidade, que atrai você até sua espinha rochosa, lá embaixo. Mais uma vez piso errado, segurando-me na corda, deslizo de volta a um parapeito, recobro-me e continuo a descer até onde Hiroshi, vendo que estou bem, pula para uma colina de lava arenosa funda e vai rolando com ela até o fundo. Peter faz o mesmo, e eu vou atrás. Subimos então uma pequena duna e subitamente nos encontramos olhando direto para um platô e, além dele, duas colônias fervilhantes de albatrozes de cauda curta.

Fazendo ninhos, abrindo as asas, namorando, cuidando de seus ovos, brigando, vivem suas vidas normalmente, a apenas 200m de nós, longe o bastante para não serem assustados por nossa presença. De um branco vibrante, com cabeças amarelas radiantes e bicos rosa e coral com pontas azuis, os adultos são incrivelmente bonitos. Uma súbita onda de sombra corre atrás de cada olho escuro. Lustrosos, elegantes, lisos como cera, eles estendem suas asas e, mesmo sentados, abraçam o vento. Os pássaros adolescentes são marrons ou possuem uma plumagem sarapintada de marrom e branco, alguns com impressionantes galões brancos. Todos usam pequenas faixas de cores discretas ao redor das penas: presente de Hiroshi para poder identificá-los. Cada cor denota um ano diferente. Uma faixa branca, por exemplo, foi colocada na perna direita de cada um dos 47 pássaros nascidos em 1986. As duas colônias de pássaros estão separadas por um lençol preto e rodopiante de lava, estreito o suficiente para os pássaros atravessarem. Às vezes, os pássaros novos pegam um parceiro na outra aldeia e se assentam ali. Dependendo do vento, um pássaro pode pousar na aldeia mais baixa e escalar até a mais alta. Os pássaros mais velhos (com plumagem mais branca) preferem fazer ninhos no centro das colônias; já os mais jovens, perto das bordas. Alguns estão sentados sobre ovos. Ocasionalmente um pássaro fica em pé, rearruma suas anáguas de penas para o ovo se aninhar com firmeza contra o calor de seu corpo e em seguida, com um balançar ou dois da cauda, torna a se ajeitar entre suas macias penas traseiras. Dois ovos ficam do lado de fora dos ninhos, o que significa que os filhotes dentro deles morreram. Numa espécie tão rara quanto essa, onde todo recém-nascido conta, essa é uma visão trágica.

Uma fêmea particularmente adorável, com um bico da cor de um pôr-do-sol nas Bahamas, abre suas asas marrons e as limpa graciosamente. Cada uma das penas possui um terminal nervoso, que ela usa. Tento imaginar como seria se eu pudesse esticar o braço e torcer cada pêlo separadamente. Um macho se aproxima da fêmea, que subitamente espalha as saias brancas de suas asas e lhe faz uma mesura. Ele faz outra em resposta. Então estende o bico e penteia algumas das penas do peito dela. Isso a deixa louca. Ela desliza o bico ao longo do lado do dele e começa a beijar delicadamente as peninhas na sua base. Ele faz o mesmo com ela, e ambos se afastam alguns centímetros e iniciam um crescendo de batidas que parece uma colher batendo em madeira oca: castanholas. Rolam as cabeças juntos de um lado para o outro, como se embalando uma bola de neve imaginária. Ele corre para a frente, na ponta das patas, louco, em direção a ela, e pressiona seu peito para fora como uma vela num vento forte; ela faz o mesmo. Subitamente ambos jogam as cabeças para o alto, esticam os pescoços em desejo mútuo, estremecem, batem as asas e trombeteiam para os céus.

Sua música selvagem e alienígena flutua sobre a grama, meio guincho, meio mugido, como "um chamado surrealista de gado", como descreve Peter. Em seguida, andam um ao redor do outro, desajeitados, com passos similares aos de Groucho Marx — um passo abaixado mais empertigado com os ombros curvados — e então encaram um ao outro e começam a fazer a corte novamente. Enquanto este minueto erótico continua, dezenas de albatrozes de pata preta, uma espécie mais escura e menos extravagante, que faz seus ninhos por perto, começam a executar danças mais modestas de acasalamento, em que soam mais como carros freando em curvas fechadas.

Subitamente, um albatroz de cauda curta branco chega, vindo do oceano, faz uma ampla espiral ao redor das colônias, inclina e descreve uma curva com uma graça fluida e inicia o que chamamos de *reefing*. Arqueando o peito, puxa as enormes velas de suas asas pela metade, deixa suas grandes patas penderem como o trem de pouso de um avião, arrufa as penas da cauda como uma espécie de freio aéreo e tenta desacelerar o suficiente para pousar. Voa fazendo círculos, para cima e na direção dos recifes, descendo e afunilando os círculos cada vez mais, com uma eloqüência que nos deixa boquiabertos, sem sabermos ao certo quando perderá a velocidade de vôo e finalmente tocará o chão. A luz do sol brilha em meio a suas patas amarelas, como que pelos painéis de papel de uma porta deslizante de uma casa japonesa.

— *Kirei* — digo, mais como uma exalação do que como uma palavra. Significa "lindo" em japonês. E estou me referindo a tudo: a miragem do calor, como uma cortina transparente de seda entre nós e as colônias; os pássaros em seus ninhos, perfeitos como estátuas de alabastro; a dança quadrada cerimonial dos pares em acasalamento; o pássaro chegando em seu vôo baixo e em seguida ascendendo a pontos cada vez mais altos do céu, onde ele quase que flutua como as notas altas de um solo de saxofone.

— *Kirei* — responde Hiroshi baixinho, os olhos também acompanhando o vôo hipnótico do albatroz, que algumas vezes balança a cauda.

— Por que são chamados de albatrozes de cauda curta? — pergunto. — As caudas deles não parecem lá muito curtas. — Sem desviar o olhar, Hiroshi e Peter sorriem.

— Por causa da maneira como as patas deles se destacam — explica Peter. — Um pássaro grande precisa de pernas compridas e grandes patas para decolar da água. Na verdade, às vezes, se o vento não está muito certo, eles correm cerca de 50m e desistem. A cauda parece menor do que realmente é, mas trata-se de uma ilusão. Eles poderiam muito bem ser chamados de albatrozes de cauda longa.

— Talvez fosse melhor chamá-los pelo outro nome deles: albatrozes de Steller — retruca Hiroshi. — Especialmente porque uma série de animais batizados por Steller, que foi um grande naturalista, já está extinta. — Tirando um caderno de notas do bolso, Hiroshi começa a fazer o censo anual de pássaros, ovos, pares acasalados. Peter pega seu caderno de esboços e logo enche duas páginas com pares cortejantes de albatrozes apanhados no meio de gestos expressivos. Um albatroz passa sobre nossas cabeças, e o vento que uiva alto por entre suas asas soa exatamente como o rugido distante de um Boeing 747. Por fim, baixa sobre a aldeia alta, estende os pés ainda mais, como se de algum modo pudesse encostá-las telescopicamente no chão, faz um arpejo dos pés à cabeça, com as asas em forma de guarda-chuva, e pousa numa série de quedas recuperadas, terminando apenas quando cai numa cambalhota de costas. Gargalhamos. Albatrozes são grandes cortejadores e grandes aerobatas, mas também grandes bufões.

Lá pelo meio da tarde, os pássaros que passaram a manhã se alimentando retornam às suas colônias. Um a um, eles entram nos céus da fortaleza para formar uma "chaleira" gigante: um borbulhar de pássaros. Quando um mergulha, encontra uma calmaria, deita âncora e pousa; outro desliza sobre o caldo grosso de albatrozes agora circulando, voando em ângulo, mergulhando e deslizando pelo céu. Asas abertas, eles fazem cruzes negras contra o mar prateado. Um albatroz plana baixo sobre nossas cabeças, baixa suas patas, arrufa suas asas, passa rente ao chão, apenas para ser soerguido novamente por uma corrente de ar ascendente. Abre as asas e parte para outra tentativa, torna a errar, dá mais uma volta, freando com as patas, cambaleando e girando, dirigindo-se em desespero para bem perto da face do penhasco para obter um efeito de desaceleração, que finalmente funciona. Em 20 tentativas de pouso, não bateu as asas uma vez sequer.

Os albatrozes parecem muito seguros e tranqüilos nesse claustro rochoso. Cada um deles descende dos poucos que estavam no mar quando seus irmãos foram mortos. Assim que os pássaros mais novos começam a voar, dirigem-se para o mar e permanecem lá de três a cinco anos. Alguns pássaros novos que haviam deixado a ilha, escapando tanto do massacre dos caçadores de penas quanto das erupções vulcânicas, foram os progenitores de todos os pássaros que vemos hoje. Se, ao contrário de outros albatrozes, esses desconfiam dos humanos, é compreensível. Os caçadores de aves selvagens começaram a vir a Torishima em 1897 para colher as penas, e por volta de 1900 havia uma colônia de 300 deles ali. Quando o vulcão entrou em erupção em 1902, havia 125 pessoas na aldeia, e todas morreram sob um manto fervente de lava. Mas outros caçadores chegaram para substituí-los e continuaram a chegar até os anos 20, quando não havia mais albatrozes suficientes para fazer jus a uma aldeia permanente. Em 1933, um edito japonês declarou proibido o acesso a Torishima. Mas, em 1932 — os caçadores, sabendo que logo iriam perder um de seus terrenos de caça favoritos, partiram para um último massacre. Essa carnificina reduziu o número de pássaros de um grupo reprodutor valioso de cerca de 200 a apenas de 30 a 50 indivíduos. Em 1939, o vulcão tornou a entrar em erupção pela segunda vez no século XX. O "Deserto da Lua", que um dia fora um dos terrenos favoritos de construção de ninhos dos albatrozes de cauda curta, foi queimado até ficar reduzido a cinzas. Durante a Segunda Guerra Mundial, o governo construiu uma guarnição na ilha, e os homens relataram ter avistado um albatroz. Em 1949, Oliver Austin, um ornitólogo americano, circunavegou a ilha num baleeiro japonês, mas não viu albatroz algum, e acreditou que os pássaros tivessem sido extintos. Na verdade, devia haver alguns ninhos ocultos, talvez não mais do que quatro ou cinco. Alguns pássaros foram avistados em 1950. No outono de 1965 ocorreram muitos terremotos, e a equipe da estação meteorológica foi evacuada.

Finalmente só em sua cidadela de pedra, a empobrecida família de albatrozes de cauda curta começou a crescer aos poucos. Os conservacionistas garantiram que a espécie fosse reconhecida internacionalmente como ameaçada pelo Conselho Internacional de Preservação dos Pássaros, que sediou um congresso em Tóquio em 1960. Isso levou o governo japonês a designar o albatroz de cauda curta patrimônio nacional em 1962. Quando Hiroshi começou a se envolver com o projeto, atirou-se de cabeça nele como um dínamo. Em 17 de novembro de 1976, ele fez sua primeira viagem a Torishima e tem retornado pelo menos duas vezes por ano, desde então, para estudar os pássaros, monitorar seu progresso e fazer o que puder para ajudá-los a se recuperar. Em 1956, somente 12 ninhos haviam sido registrados. Mas em 1988 foram postos 89 ovos.

Esta pode parecer uma história de sucesso. Mas os albatrozes de cauda curta ainda estão preocupantemente ameaçados. Se o vulcão tornar a entrar em erupção, o que pode acontecer a qualquer momento, e a área onde estamos agora for destruída, não é provável que os albatrozes sejam capazes de fazer ninhos em qualquer outro lugar da ilha. Os nascimentos iriam parar. Então é crucial que os albatrozes sejam atraídos a tantos locais quanto for possível. Hiroshi espera que, se os pássaros puderem ser induzida a se multiplicar bem em Torishima, acabem procurando colônias para ninhos em outras ilhas também. Nas ilhas havaianas a sotavento, os albatrozes de cauda curta têm sido avistados juntamente com albatrozes de pata preta e Laysan; e já foram avistados também em Minami-Kojima, nas Ilhas Senkaku. Mas não têm sido vistos fazendo ninhos em nenhum desses locais.

Embora Hiroshi tenha sido o paladino e observador aguçado deles, os albatrozes de cauda curta permanecem um mistério emplumado. Como existem pouquíssimos pássaros, é difícil até mesmo mapear seus movimentos sazonais. Mas temos alguns fragmentos de informação sobre seus hábitos, em particular, e sabe-se muito mais sobre os hábitos dos albatrozes em geral. No início de outubro, os albatrozes de cauda curta voltam a Torishima e se reúnem em suas margens por alguns dias, e depois começam a pousar numa pequena plataforma na base das encostas. Os albatrozes têm uma vida longa: em média, de 40 a 60 anos. Cada pássaro que se vê é um velho habitante do planeta. Eles são monogâmicos, e um par se encontrará no local do ninho do ano anterior. Um jovem pássaro voltará à ilha depois de dois ou três anos no mar e começará a exibição de um tipo de corte barroca que assegura uma firme união do casal. Os jovens pássaros podem não entender como copular, mas costumam tentar mesmo assim, ainda que isso signifique sentar na cabeça por engano, em vez de na cauda. O que eles fazem em seus primeiros anos é praticar o namoro e aprender a como estabelecer um lar. A exibição da corte — que eles devem aperfeiçoar a um nível tão sutil, que possam dançar em uníssono como se tomados por um feitiço ou um desejo — é necessária para levar o casal a um nível de excitação no qual a cópula possa ocorrer. O intercurso propriamente dito só dura de 30 a 40 segundos nos albatrozes. O que importa são as extravagantes preliminares.

Quando os casais vão para o mar, não ficam juntos; e os indivíduos podem voar tão longe quanto a Costa Oeste da América do Norte ou o Mar de Bering. O macho retorna dois ou quatro dias antes da fêmea, reconhece-a à vista e cumprimenta-a com mesuras cerimoniais. Então se permitem rituais de acasalamento por algumas semanas, e ela põe um ovo no final de outubro para início de novembro. Ela só põe um ovo por estação — um enorme ovo branco e fosco, com cerca de seis vezes o tamanho de um ovo de galinha, que pesa cerca de 100g —, e a incubação dura 64 ou 65 dias. A fêmea normalmente senta-se no ovo por cerca de três semanas, e em seguida o macho a chama ansiosamente e senta-se por cerca de 22 dias. Durante esse tempo, o pai se levanta e vira o ovo de tantas em tantas horas. Naturalmente, ele não pode deixar o ninho para comer ou beber. Durante esse longo jejum, o albatroz pode perder cerca de 20% de seu peso. A fêmea rende o macho para outro turno de 22 dias. Quando o dia de o ovo chocar se aproxima, os dois pássaros ficam muito excitados, quase empurrando um ao outro para fora do ninho, como se cada um quisesse ser aqule que finalmente chocará o ovo. Esse também é um período de muitas bicadas, limpezas de penas e carinhos.

Depois que o ovo chocar, um dos adultos sempre monta guarda para alimentar o filhote e protegê-lo da fúria dos elementos da natureza — sol, poeira, tempestade, e assim por diante —, bem como de predadores em potencial. Não existem albatrozes suficientes em Torishima para sustentar uma população de predadores contumazes, mas, em outros tempos, corvos e carrapatos eram responsáveis por cerca de 1/3 de todas as mortes de filhotes. Hoje em dia a culpa recai principalmente sobre a inexperiência. Pássaros às vezes acidentalmente chutam um ovo para fora do ninho, e, uma vez fora, ele pode ser confundido tanto com uma meia quanto coma ou uma bola de neve; quer duzer, pássaro não faz idéia do que aquilo seja e não irá pegá-lo de volta.

Todos os albatrozes alimentam seus filhotes por regurgitação. Os pais voam pelo oceano à noite e pescam camarões e lulas, que vêm à superfície e deixam uma ampla trilha luminosa para atrás. Mas os albatrozes não se alimentam em pleno vôo. Quando um deles vê a caça, freia até parar na água, simplesmente patinando como um pato de fazenda, e com um movimento preciso de seu longo bico em forma de gancho agarra o bocado. Nômades do céu, eles vão mais longe para alimentar seus filhotes do que qualquer outro pássaro. Na verdade, alguns albatrozes com códigos de cores foram registrados se alimentando a 3.800km de seu ninho. Eles podem ir ao oceano para pescar por até 14 dias de cada vez, armazenando a comida parcialmente digerida numa bolsa especial na parte superior do estômago. Quando voltam, regurgitam a comida para seus filhotes. Depois de duas ou três semanas, é necessário que ambos os pais alimentem o filhote, mas a essa altura o filhote já pode tranqüilamente ficar sozinho enquanto os adultos saem para se alimentar.

Em maio ou junho, os albatrozes adultos gradualmente começam a perder o interesse pela paternidade e abandonam o filhote, que agora parece um vulcão marrom de pernas compridas. Às vezes um filhote fica dando voltas na ilha por duas semanas, perdendo peso e testando as asas, até que finalmente, sem auxílio, sem tutores, parte em seu primeiro vôo. No escritório de Hiroshi vimos uma fita que ele filmou de um filhote fazendo seu primeiro vôo, com muita trepidação e muitos tropeços desajeitados. De cara para o vento, ele voou a toda velocidade com suas grandes patas pelas encostas de Torishima, asas estendidas, voando por cerca de 40 metros, até que subitamente suas pernas trêmulas começaram a dançar, as asas flutuando como um guarda-sol numa rua cheia de vento, e com um olhar selvagem de espanto consigo mesmo tombou sobre o mar. Como deve ter sido triste para Hiroshi ver sua família de aves voar, ano após ano, sabendo que não voltará a ver os filhotes por no mínimo dois anos e possivelmente não por quatro ou cinco anos.

Quando a luz começa a diminuir ao fim do dia é com relutância que arrumamos nossas coisas para partir. Logo os penhascos estarão cheios de sombras de ninhos, e escalar de volta para a terra dos humanos será muito difícil. Precisamos ir, mas preferíamos ficar, acampados na beira deste palco natural, vendo os albatrozes pousarem entre as rochosas espirais góticas. Estar perto dos albatrozes é uma experiência que fica em algum lugar entre o espiritual e o sexual. À medida que seus gritos começam a encher o ar atrás de nós, pegamos nossas coisas e iniciamos a longa subida.

Ao voltarmos ao acampamento, vemos que a equipe do governo já se encontrava lá e estava ocupada com o jantar; e, então, desfazemos as mochilas e nos sentamos ao redor da mesa baixa. Damos boas risadas quando vemos o banquete colocado à nossa frente; expedições normalmente significam produtos enlatados e pão velho. Esta noite temos bife apimentado, arroz, peixe grelhado, *sushi* recém-preparado e vegetais frescos. Então o cozinheiro traz uma bandeja de moluscos cozidos. Uma fina iguaria, pois eles são densos e cartilaginosos, lembrando o interior da pata de um cavalo — incluindo as pedras. Depois, tangerinas, cerveja e bebidas destiladas japonesas. No céu, cinco constelações de pássaros nos observam em silêncio — o Grou, o Cisne, a Fênix, o Pavão e a Águia — de seu aviário gelado entre as estrelas. Olhando para o poço da noite, meu olhar tomba na direção do espaço profundo, e, de volta no tempo, para os primeiros gritos emplumados do Universo. Meu barco é tão pequeno, penso, e o oceano é tão grande. Exaustos, por fim, dos rigores do longo dia, vamos todos para dentro da casamata, arrastamo-nos para o interior de sacos de dormir e esperamos de olhos fechados que o gerador lá fora fique sem energia, para que a lâmpada de dentro da casamata se apague para a noite.

Nenhum alarme soa, mas precisamente às 5h57min todos os homens acordam, espreguiçam-se e, então, um por um, vão saindo preguiçosamente da casamata. O cozinheiro boceja, enfia a camisa para dentro da calça e coloca uma chaleira grande no queimador do pequeno fogão a gás. Terminamos logo o café da manhã, loucos para descer de volta à fortaleza. Embora a mochila de Hiroshi pareça ainda mais pesada hoje, de algum modo ele consegue levá-la satisfeito, dando os passos curtos e lentos de um homem numa longa jornada com uma carga pesada. Mais uma vez escalamos as escarpas, passando pela sede da estação meteorológica abandonada. As notas assustadoras de uma lavandeira cortam a manhã à medida que caminhamos pelos lagos de lava e atravessamos os campos de crisântemos amarelos. Hoje a caminhada é mais rápida e mais fácil. A jornada para cima é diferente da jornada para baixo. Enquanto ainda estamos descansados, escalamos primeiro um trecho íngreme, depois continuamos pelos campos de lava até o sopé do Pico de Enxofre, onde o chão, quente, e vapores de enxofre dançam na luz comprida da aurora. Algumas áreas da terra parecem devastadas. Sem o vulcão, não haveria Torishima e nenhum refúgio para os albatrozes. Por todos os oceanos do mundo, o magma do núcleo fundido da terra força caminho para cima para, formando ilhas vulcânicas como esta. A lava fundida se solidifica, torna-se mais estável e sai flutuando lentamente, enquanto outros pontos quentes produzem mais ilhas vulcânicas, e logo surge um arquipélago fumegante. Este é meu primeiro vulcão, e adoro ficar olhando os vapores de enxofre dançando como redemoinhos.

À medida que subimos pelos campos de aroma pungente, sinto o calor do coração derretido da ilha por intermédio das botas. O vapor, como a respiração de um dragão, sobe ao nosso redor por todos os lugares. No "Deserto da Lua", onde sopra a areia de lava, cada pegada deixa uma nuvem atrás de si, como se a força vital da pessoa queimasse direto pelas solas dos pés. Ontem deixamos bolsas de água neste ponto, e caio de joelhos e seguro uma delas sobre minha cabeça, derramo um longo borrifo de água garganta abaixo e lavo o pó preto dentro de mim. Então prosseguimos pelo desfiladeiro estreito. Logo estamos na beira da fortaleza e começamos a descer. Mais atrevida do que ontem, acho a primeira corda menos difícil hoje. Na segunda, procurando bons apoios para os pés, deslizo por uma rocha com um pé, tateio com o segundo e deslizo até outro apoio. O apoio seguinte aguarda abaixo. Esticando-me, dou um pouco de espaço à corda, estico-me mais um pouco, abaixo, tateio na direção do local e — pou! — o chão some de meus pés e, rodopiando, caio para trás, a mão esquerda agarrando a corda, enquanto meu corpo bate contra rochas afiadas. Sinto minhas costas doerem profundamente. Abaixo de mim, Hiroshi já sumiu de vista. Peter, vigilante por perto, parece calmo, mas pronto para dar um salto.

— Estou ferida — chamo, e as palavras saem como um longo gemido. Ele corre até onde estou, no meio da escarpa, presa a um coadouro de pedras, e diz: — Respire fundo. Isso, assim. Inspire um pouco de ar.

— Acho que quebrei uma costela. — Olhando a escarpa abaixo e depois para cima, pergunto-me: "Como vou sair daqui?"

Empoleirado abaixo de mim, Peter verifica a melhor rota para baixo. Embora saiba que vai ser doloroso, preciso dar um jeito de me virar e segurar firme na corda com a mão esquerda. Só minhas mãos podem me salvar. Viro-me e agarro a corda. Esse pequeno movimento faz meu peito e minhas costas relampejarem de dor. Peter procura apoio para meus pés.

— Estique o pé direito para cá, onde meus pés estão — diz ele. Estico. — Agora mexa seu pé esquerdo até um espaço vazio ao lado daquelas duas pedras estreitas. — Ele desce 15cm. — O pé direito, bem em cima de onde o meu está... — E, assim, vamos descendo até onde a face da rocha acaba e começa o morro de lava. Ali, lutando para manter meu torso ereto, ponho as mãos em sua mochila e o acompanho lentamente para baixo até o sopé da duna.

Hiroshi vem correndo, ansioso e solidário. Os dois homens tentam localizar a dor fraca em meu flanco esquerdo, que tornou impossível me dobrar na cintura — nem tossir, falar alto, fungar ou rir, como logo descubro. Serei condenada a uma vida de respirações curtas por algumas semanas. Guiando-me pela crista da duna de lava, que é nosso ponto de observação, eles cavam um poço, seguram-no com as mochilas e me colocam no buraco. Mais tarde ficarei sabendo que tenho três costelas completamente quebradas, com as pontas das costelas paralelas umas às outras. Por meses, não serei capaz de me deitar ou levantar sozinha, e a dor será minha companheira constante. Mas quando vejo os albatrozes voando, sustentando o céu com suas asas, cheios da continuidade incansável de seu vôo, não trocaria meu sofrimento por nada. A vida é muito cheia de entradas e saídas fáceis. Os pássaros precisam de sua fortaleza, que é tudo o que os salvou. Não recebo de bom grado esta dor, que me morde como uma matilha de lobos, mas, se é este o preço a pagar, então foi bem pago. Respirando fundo, rio sozinha. Não é à toa que eles sobreviveram aqui. Sou a prova viva de que essa fortaleza funciona.

Ao cair do sol, quando como monges terminamos nossa observação silenciosa, que para mim é uma forma de oração, recolhemos nossas mochilas e pensamos na subida. Imobilizada por uma camisa-de-força da mais pura dor, não consigo mover o lado esquerdo de meu corpo; mas precisamos dar um jeito de escalar as escarpas de volta. Hiroshi amarra uma corda-guia em volta de meus ombros, e Peter me ergue com força. Somos uma boa equipe, na calma e no sofrimento. Trabalhando juntos, nós três finalmente emergimos da fortaleza e subimos exaustos de volta ao acampamento.

— Grande dia, apesar de tudo — falo para eles, e falo sério. — Quem beberia de uma xícara quando pode beber da fonte?

Na manhã seguinte, Peter e Hiroshi saem sozinhos, os homens do governo se preparam para ir embora num barco alugado, e eu passo o dia no acampamento. A dor piorou muito, e eu posso sentir os ossos se deslocando como peças de *mah-jongg* quando respiro. Logo uma febre começa, e ela não irá passar com aspirina, acetaminofena e antibióticos. O hospital mais próximo fica a 18 horas de distância num barco de pesca. Eu sei que quebrar as costelas pode levar rapidamente à pneumonia e, à medida que minha febre aumenta, ganho e perco a consciência. Em momentos de lucidez penso em possibilidades sombrias. Posso morrer nesta ilha remota, sozinha numa casamata de pedra, longe de casa e das pessoas que amo. Quando um dos engenheiros volta para apanhar seu equipamento, murmuro "socorro" em japonês.

Usando mímica e algumas palavras de um livro de frases em japonês, digo a ele: — Doente. Quebrada por dentro. Por favor, ache Hiroshi e Peter. Com albatrozes. Por favor, vá rápido, rápido. — Dou-lhe um bilhetinho para entregar. Quando ele se afasta, enrolo-me numa pilha de roupas e cobertores, e espero. Uma jovem japonesa chega; não sei se ela é real ou uma alucinação. Ela sente minha testa queimando em febre, tira a própria camisa branca e enxuga meu rosto com ela, enche a camisa de gelo — de onde veio o gelo? — e a coloca contra minha testa. Então desaparece. Deitada no fundo da casamata, vejo alguns raios de sol construírem o aposento estreito. O mundo exterior estremece com a luz. Sonho com albatrozes de um branco que cega a vista, cujas cabeças amarelas reluzem quando giram no crepúsculo como uma constelação sem nome. Subitamente, uma forma aparece à porta. Suando em bicas, os cabelos lambidos para trás como um capacete de aço, Peter parece um recém-nascido. Tirando sua mochila, ele se senta, e discutimos as várias maneiras de sair da ilha. A mais segura é o barco do governo, que está na iminência de partir. A febre é alta e misteriosa, e precisamos agir rápido. Ele já se despediu de Hiroshi, que ficou para trás na fortaleza, em seu posto com os albatrozes, lugar ao qual ele pertence.

Uma hora depois, subimos a bordo de um barco três vezes o tamanho do que aquele que nos levou a Torishima. Este, com apenas dois meses de idade, brilha com acessórios de aço inoxidável, carpetes de pêlo e dormitórios. Barco de aluguel, atravessa as ilhas para o norte, principalmente em viagens de mergulho e pesca. A mulher misteriosa que me banhou com sua camisa é um membro da tripulação, e o capitão enviou uma mensagem de rádio para pedir que uma ambulância nos encontre no cais. Antes de partir para o norte, o capitão circunavega a ilha, o que nos dá uma bela visão das ondas de lava onde a aldeia foi destruída e levada para o mar. O Pico de Enxofre se estende entrecortado, como que perfurando o céu azul. Por fim, a fortaleza de *ahodori* aparece, com suas paredes em *cantilever*, um anfiteatro de rocha tortuosa e um pequeno avental verde com pintinhas brancas. Cercado pelas cascatas rochosas congeladas, os pássaros parecem delicados e frágeis.

— Toda a população mundial de albatrozes de cauda curta fazendo ninho — comenta Peter com tristeza. Um instante depois, abre um amplo sorriso. Ambos o fazemos, sentindo a mesma indelével emoção de os termos visto. — Olhe, lá está Hiroshi! — diz, apontando para uma figura solitária sentada numa duna de lava embaixo de uma nevasca de pássaros alçando vôo. Acenamos para ele, e Hiroshi levanta o chapéu e acena de volta. Quando o barco vira para o norte, e o sol começa a se pôr num espesso caldeirão de nuvens, uma gravação de "Auld Lang Syne" irrompe do alto-falante. Albatrozes de cauda curta voam e deslizam por sobre as cristas das ondas. Um deles mergulha logo perto da proa do barco, ganhando velocidade à medida que penetra no calmo reino de ar. Agora ele se vira de través para o vento, desliza para trás de uma onda, e em seguida mergulha a asa, vira-se para cima e sobe rápido, quase verticalmente, para trás da crista da onda, gira e então começa a seguir de través para o vento mais uma vez, ziguezagueando a uma velocidade colossal. Por algum tempo, ficamos no brilho do sol crespuscular, observando o albatroz brincando sobre as ondas, mudando de branco, quando está emoldurado pela água escura, e para preto, quando está emoldurado pelo mais claro céu. Positivo e negativo, ele mergulha do ar transparente até a água espessa e gélida e torna a subir, costurando céu e mar com seu vôo. É por intermédio do vento que ele consegue pensar sobre si mesmo. Por fim, desce direto a estrada do sol e segue na direção do horizonte, sob um trecho turbulento do céu, onde *haikais* de sombra dançam na água, e então desaparece num reino brilhante de nuvens.

MICOS-LEÕES-DOURADOS

No verão, no National Zoo, em Washington, D.C., os micos-leões-dourados correm livres no parque, subindo em cordas penduradas nos topos das árvores. Em seu devido tempo, serão levados para o Brasil e soltos na floresta, e o zoológico espera que, enquanto estiverem em Washington, desenvolvam as habilidades necessárias para sobreviver no ambiente selvagem. Mas animais criados em zoológicos não apresentam muitos de seus comportamentos naturais. Por exemplo, esses micos-leões-dourados precisam ser ensinados a como lidar com a decepção, como descobrir suas naturezas e se descobrir como primatas. Devem ser ensinados a lutar como macacos, porque, quando todas as provações diárias da vida na floresta estão ocorrendo, os instintos forjados por essas provações desaparecem. O que isso nos diz quanto à necessidade de estresse, ambigüidade e luta? Uma vida cativa é também uma vida sem estresse, mas, quanto mais se vive numa situação limitada, mais limitado se fica. Não há predadores, mas também não há senso de fuga ou salvação, não há fome, mas também não há a emoção de se sentirem realizados. Os micos-leões dourados são monogâmicos, com fortes rivalidades e dramas sexuais ao estilo das telenovelas. Alguns de seus problemas familiares parecem humanos demais, oferecendo uma pista do que a vida pode ter sido para nossos primeiros ancestrais. Como acho esses mistérios irresistíveis e como os micos-leões-dourados estão entre as criaturas mais belas e mais ameaçadas de extinção da Terra, decidi dar uma mãozinha ao projeto de reintrodução e acompanhar famílias de mico-leão-dourado ao Brasil, na esperança de que eles cresçam e se multipliquem.

Na floresta tropical, nenhum nicho deixa de ser aproveitado. Nenhum vazio deixa de ser preenchido. Nenhuma réstia de luz do sol deixa de ser capturada. Em um milhão de bolsos de colete, um milhão de formas de vida pulsam silenciosamente. Nenhum outro lugar na Terra parece tão exuberante. Às vezes o imaginamos como um reflexo do Jardim do Éden original: um reino antigo, sereno e fértil, onde pítons serpenteiam e jaguares passeiam furtivos. Mas é principalmente um mundo de árvores astutas e selvagens. As árvores fracas não sobrevivem. Os mansos não herdam nada. A luz é uma espessa vitamina amarela pela qual elas matariam e matam. Uma das primeiras verdades que se aprende na floresta tropical é que as plantas não são nada fracas ou choronas. Em termos de autodefesa elas são agressivas. Algumas árvores protegem seus sistemas circulatórios colocando uma camada de estricnina ou quinino debaixo da casca. Outras têm seiva, folhas ou frutos venenosos. Existem taninos e cheiros que imitam hormônios e jovens enzimas de insetos fortes o bastante para amaciar carne (ou sua língua), e agentes suficientemente fortes para imobilizar um inseto ou quaisquer outros animais distraídos.

Uma planta engenhosa é a *Derris,* cuja casca os índios da Amazônia esmagam no rio para envenenar os peixes. Algumas plantas desenvolvem folhas pintalgadas ou coloridas de vermelho para parecer estar morrendo ou mortas e por isso não sejam do interesse de bocas famintas. Outras criam longos e afiados espinhos. A *Strychnos* pode parar seu coração com sua beleza... ou seu curare. E também, naturalmente, existem os alucinógenos, produzidos por árvores e cascas, flores, favas, cactos e fungos. Alguns sapos são também alucinógenos, o que não chega a surpreender quando se olha para sua profusão de cores explosivas e flutuantes quando agachado num galho, como que desafiando a ser tocado. Numa caminhada pela floresta tropical, encontrei um sapo de um vibrante amarelo e água-marinha coberto por um muco venenoso. Pequeno, mas com cheiro de morte, estava em cima de uma árvore caída e me deixava chegar perto o suficiente para respirar esse muco.

Em florestas temperadas do Norte, existem menos espécies de plantas em uma área, porém muitas de cada espécie; não é incomum ver grandes bosques de coníferas ou bordos. Mas, na floresta tropical, existem números caleidoscópicos de espécies diferentes e muito poucas amostras de cada uma. Quando se olha uma floresta dessas, ela tem profundidade, textura, variedade. Mesmo assim, os membros de cada espécie estão bem separados um do outro. Não há muita brisa para transportar sementes. É difícil ter uma vida sexual quando não se pode se mover. Por isso, as plantas da selva se tornaram incríveis enganadoras e manipuladoras, levando outras a realizar atos sexuais com elas. Numa floresta tropical, de nada adianta derramarem sua semente no chão abaixo deles. Haveria muitos cruzamentos internos, e um dos melhores aspectos do sexo, do ponto de vista de uma planta, é que renova o *pool* genético. Por isso, as plantas atraem beija-flores, abelhas, morcegos, borboletas, mariposas e insetos em geral. As plantas estão dispostas a se camuflar com os disfarces do reino animal. Algumas plantas são carnívoras. Não têm boas maneiras, ainda que sejam rápidas. São promíscuas e recorrem a qualquer golpe baixo. Elas se vestiriam de gorila se pudessem.

Algumas orquídeas, por exemplo, vivendo bem no alto do teto da floresta, aprenderam a atrair abelhas com suas cores vivas e botões que atraem a inocente abelha a tocar em seus órgãos sexuais. Outras orquídeas evoluíram para imitar a mosca taquinídea fêmea, para que os machos tentem copular com elas e acabem todos sujos de pólen. Outras orquídeas imitam os movimentos territoriais de uma abelha *Centris* macho e precisam apenas de machos que passem por ali para aceitar a briga. Sexo ou violência produzem o mesmo resultado; não importando se as orquídeas são cortejadas ou combatidas, elas enchem o visitante de pólen. Alguns dos melhores polinizadores são abelhas de orquídeas machos, que são de um azul ou verde metálicos brilhantes e não estão atrás de pólen, mas de fragrâncias, que utilizam como parte de uma mistura afrodisíaca e armazenam em bolsos nas patas traseiras. Indo de flor em flor, coletam uma nota de fragrância e misturam-na em seus bolsos das patas; em algum momento mágico, a mistura começa a atingir seu ponto exato, e eles se tornam tão sedutores que até mesmo outros machos começam a reparar. Logo, um enxame de machos brilhantes dançando à luz do sol atrai as abelhas de orquídeas fêmeas, assim como as flores atraem os machos. Agora os machos são os belos e fragrantes botões da selva. Quem poderia lhes resistir?

Nenhum outro lugar na terra é tão biologicamente complexo quanto a floresta tropical. Os animais passam zunindo e voando por entre densos muros de verde. O tumulto luxuriante vem em parte de musgos, samambaias, cactos, orquídeas, cipós e bromélias. Cada árvore é um palimpsesto de outras plantas. A maioria das plantas que as pessoas vêem pendendo em árvores não é parasita; simplesmente usam as árvores como poleiro. Noventa por cento dos cipós do mundo vivem na floresta tropical, e as lianas podem crescer tanto quanto uma perna humana e ficar no chão como cobras recém-alimentadas. A cada amanhecer, os coros de pássaros soam como o ensaio de uma sinfonia de Charles Ives. Bugios cantam enquanto se balançam por entre as árvores. É possível encontrar preguiças de três dedos, onças, morcegos, ratos de bambu, corujas, besouros-rinocerontes, beija-flores, cobras-coral, grandes lagartos e roedores, cães selvagens, aranhas gigantes, abelhas africanas e legiões de insetos e pássaros menos conhecidos e raramente observados.

Esse extraordinário hábitat é também o lar do mico-leão-dourado, o mais belo macaco do mundo, uma criatura de cor amarelada que não vive em nenhum outro lugar do mundo. Há pouco tempo, fui visitar Russell Mittermeier, diretor da Conservation International e explorador de florestas tropicais durante toda a sua vida. Ele falava animado dos micos-leões-dourados. "A cor deles é magnífica", dizia, "são realmente mamíferos de um aspecto espetacular. Quando o cronista da Companhia de Jesus que fazia parte da viagem de circunavegação de Magalhães viu pela primeira vez estes animais, no século XVI, descreveu-os como 'gatos simiescos semelhantes a pequenos leões', razão pela qual ganharam esse seu nome. Embora sejam animais minúsculos, possuem um aspecto impressionante: realmente se parecem com minileões. E os filhotes de micos-leões-dourados são as criaturas mais atraentes que se possa imaginar. Têm um ar inocente nos rostos, uma espécie de carinha tipo 'onde é que eu estou?'. Deixe-me contar: quando uma coisinha dourada do tamanho do seu punho se senta ali olhando para você, num instante provoca seus instintos paternais." Grandes famílias nucleares desses macacos percorreram um dia os tetos da floresta, comendo frutos e insetos, dormindo em ninhos noturnos, criando seus mais novos. Agora somente cerca de 400 sobrevivem na floresta. "Isso é realmente assustador", alertava Mittermeier, "você pode encontrar essa mesma quantidade de cães e gatos num quarteirão de Manhattan. Mas essa é a população mundial deste animal único."

Um esforço global vem sendo feito para salvá-los, em parte porque eles são o que se chama de "espécie capitânia". Como o panda ou o coala, os micos-leões-dourados vivem em um ecossistema ameaçado. Não só eles, mas também todo o seu mundo podem ser extintos.

A Mata Atlântica é uma faixa estreita de floresta tropical que se estende por quase três mil quilômetros ao longo da costa nordestina do Brasil; como é separada da Amazônia por uma cadeia de montanhas, suas plantas e animais são únicos. Mas, assim como na Região Amazônica, suas árvores se tornaram presas de escavadeiras e de fazendeiros. Somente ilhas de vegetação restaram, divididas por estradas, diques, cidades e grandes fazendas. Dos relatos históricos sobre a área, sabemos que apenas 2% da floresta original permanecem. A verdade cruel é que ela não desapareceu por causa de malícia ou catástrofe: as pessoas simplesmente desejavam melhorar suas vidas. Na América do Norte, nós destruímos nossas próprias fronteiras e áreas selvagens de forma semelhante. O progresso é um gigante faminto. O que muita gente não sabe é que, na floresta tropical, a maioria dos nutrientes está nas árvores, não no solo, não havendo sobressalentes nem reposição. Assim que alguma coisa morre, ela retorna imediatamente ao sistema vivo apodrecendo. Ela não fica no solo nem se torna o solo, como nas regiões temperadas. As chuvas lavam-na ou fungos micorrizais a convertem imediatamente, e ela retorna às árvores. O tumulto vivo dos insetos também ajuda. Mas não há como tentar cultivar a terra ou nela criar gado. Como a riqueza vive apenas nas árvores, se estas desaparecerem o ecossistema inteiro entrará em colapso.

Ouço-os antes de vê-los: uma pequena canção de pássaros acompanhada de uma nota inteira tocada numa flauta e depois soluços espasmódicos, um trinado súbito e outra chamada longa. Papagaios? Tordos? O que um bando de pássaros está fazendo no terminal de carga do Aeroporto do Rio de Janeiro? Quando cinco "apartamentos para bichos de estimação conversíveis Veri-kennel" são descarregados aos meus pés, cada um com pequenos buracos perfurados para a respiração dos animais, percebo que eles transformaram as caixas em instrumentos de sopro. Uma selva de clamores musicais se derrama deles. Agachando-me, dou uma olhadela nas sombras cobertas de palha de uma caixa e vejo vagos lampejos de cor e pêlo se movendo. Novamente a canção de pássaros, desta vez mais alta e mais urgente. Do lado de dentro, uma família de micos-leões-dourados, enviada do National Zoo, em Washington, D.C., encolhe-se e chama seus vizinhos nas outras caixas. Até mesmo seus murmúrios soam como campainhas.

— Eles estão sãos e salvos — diz Ben Beck com alívio. Um homem conservado, na casa dos 50 anos, com cabelos grisalhos, uma barba meticulosamente penteada e um jeito tranqüilo de quem cuida das coisas, Ben dirige o Projeto de Reintrodução do Mico-Leão-Dourado. Agora que restam tão poucos destes macacos, o National Zoo os cria em cativeiro e os solta na floresta. Duas vezes por ano, Beck voa para o Brasil com famílias completas de MLD (Mico-Leão-Dourado) ou com uma esposa para um MLD brasileiro adulto. Nesta viagem nosso grupo também inclui sua esposa, Beate, uma mulher miúda, de cabelos castanhos e com um leve sotaque alemão, que trabalhou com macacos por muitos anos; Joleen, uma tratadora de primatas de 31 anos do Brookfield Zoo, em Chicago (que enviou um dos grupos familiares); Howard, um fotógrafo alto e barbudo, do Brookfield Zoo; e Alfie, um primatologista que trabalha no National Zoo, especializado em fósseis e dentes. Somos recebidos por alguns dos brasileiros que vivem e trabalham na estação de campo: Fernando, que gerencia o projeto no local; Andréia, que dirige o trabalho diário, alimentando os macacos, enviando as equipes de observadores; e Denise, uma combinação de educadora e diplomata, que ensina sobre micos a estudantes, atua como elemento de ligação com os fazendeiros locais e ajuda o governo a encontrar e repatriar macacos roubados. Os micos são tão bonitos, que são vendidos ilegalmente por até US$ 20 mil, e os caçadores se arriscam a ser condenados a dois anos de prisão para roubar um deles.

Uma chave para o Projeto Mico-Leão-Dourado é como ele se encaixa bem na vida cotidiana de seus vizinhos. Vinte e dois empregados do projeto vêm de cidades próximas, o que torna o programa importante para a economia local. Próximo à rodovia principal, um prédio de educação com um museu anexo exibe filmes e oferece livros e panfletos, cartazes e camisetas. Os moradores da localidade podem ter medo da mata, mas orgulham-se de viver ao lado da uma maravilha natural. É claro que um macaco dourado, belo e fascinante, ajuda a personalizar a situação da floresta tropical. Para muitas pessoas existe alguma coisa não só muito fora de controle, mas também muito estranha a respeito da Natureza, alguma coisa que apavora por puro excesso. O segundo medo de todos (morrer é o primeiro) é que eles possam de algum modo se tornar tão plurais quanto todos os que inspecionam. Quando imaginam os densos pulmões verdes da selva, sentem-se sufocados e entram em pânico. Nesta floresta tropical, é possível encontrar muitos pássaros, insetos, sapos, cobras e plantas sob ameaça de extinção, mas eles não são tão bonitinhos e aconchegantes como um mico-leão-dourado — especialmente um que é monogâmico, amante da família e facilmente identificável. O mico-leão-dourado exibe um rosto humano.

— Esta é a parte mais perigosa de nosso trabalho — comenta Ben, sorrindo, enquanto nos dirigimos para o norte ao longo da rodovia de duas pistas que abriu a Mata Atlântica para a civilização. Carros e caminhões correm normalmente quatro ao lado uns dos outros, usam os acostamentos como via de passagem e freqüentemente perdem os eixos em buracos de um metro de profundidade.

Meninos ficam ao lado da estrada, vendendo pilhas de bananas secas e prensadas. Passamos por dezenas de fábricas de cerâmica. Telhas de terracota são uma grande indústria nesta parte do Brasil; as fábricas são alimentadas pelas árvores da floresta tropical.

Aos poucos, a faixa de bares de beira de estrada, churrascarias e empresas dá lugar a cordilheiras de fazendas e morros com florestas. À frente vemos uma cadeia de montanhas: a borda da floresta da costa do Atlântico, a frágil margem de um continente. É contra a lei brasileira derrubar a floresta tropical no topo de uma montanha porque as árvores evitam uma terrível erosão e deslizamentos de terra. As florestas no topo das montanhas permanecem para proteger os fazendeiros, mas inadvertidamente salvam as criaturas da floresta em pequenas ilhas de vegetação. Numa placa na qual está escrito "Reserva Biológica de Poço das Antas", viramos para uma estrada de terra e seguimos durante 20 minutos, passando por fazendas, pântanos e então a floresta, até uma avenida ladeada por palmeiras e uma grande casa caiada de branco.

Outrora um celeiro para criação de cabras, a casa foi reconstruída pelos primeiros pesquisadores. Agora parece grande e convidativa, com uma grande buganvília roxa nos degraus da frente, um herbário, uma churrasqueira e bananeiras, limoeiros e árvores de fruta-pão. Do lado de dentro, uma pequena cozinha se abre para uma sala de jantar dominada por uma mesa comprida, cujo tampo é uma placa irregular de madeira local polida até ficar reluzente. Dois pequenos quartos, cada um com quatro camas, servem de dormitórios para homens e mulheres. Um banheiro e uma ducha estão do outro lado da sala. A maioria das pessoas se reúne na varanda de trás, aberta dos lados, onde quatro bancos pretos de automóvel serviam de poltronas, cobertos por lençóis. Contra a parede, um quadro-negro dá o cronograma da semana, e ao lado dele um porta-ferramentas, comedouros de macaco e uma miscelânea de equipamentos. Um pequeno armário guarda capas de chuva, com botas sujas de lama metodicamente arrumadas abaixo. Cheiros de mofo, bananas maduras, uma "Dieta para Macacos", parecida com ração para cães, galinhas ciscando livres, escapamento de carro e flores-do-campo se misturam no ar.

O trabalho começa na hora. Nossos micos precisam de abrigos temporários. Uma família de micos-leões-dourados selvagens normalmente dormiria toda agrupada num buraco de árvore ou num grosso ninho de cipós. Três grandes jaulas aninhadas na floresta em nossa porta da frente serão suas casas temporárias. Começamos enchendo as jaulas com galhos, bromélias e grandes varas de bambu. Depois, penduramos uma cumbuca com água num galho e bananas parcialmente descascadas noutro. Algumas armadilhas do tamanho de caixas de sapato também contêm bananas. Se os micos puderem se habituar às armadilhas, serão mais fáceis de se pegar assim que estiverem na mata. Então colocamos em cada jaula uma "caixa-ninho", uma grande geladeira azul e branca especialmente adaptada para os micos. Eles preferem casas dúplex, para lhes dar uma pequena variedade e protegê-los de predadores. Então as caixas-ninho foram divididas em dois aposentos, um inferior e um superior, com uma porta em forma ovalada levando para o andar de cima. Um mico que deseje privacidade pode geralmente encontrá-la, e, se uma jaguatirica alcançar a parte de cima do ninho, os micos podem fugir correndo para a parte de baixo.

À medida que vamos ajeitando todos os fragmentos do novo mundo dos micos, a jaula começa a parecer uma caixa de colagens de Joseph Cornell, ou uma hipotética árvore de Natal desprovida de árvore. Andréia coloca o último ornamento no lugar: um alimentador grande e quadrado cujo nome técnico é "plataforma micromanipuladora portátil". A gente do local o chama simplesmente de comedouro. Como um andaime de brinquedo supercrescido, seus cinco canos de plástico estão cheios de buracos espaçados a intervalos iguais e repletos de uma série de frutas cortadas e pedaços da "Dieta para Macacos". O comedouro torna possível alimentar os micos, mas também os treina para insinuarem seus dedos compridos em lugares apertados para procurar comida.

Do outro lado do acampamento, os micos chamam uns aos outros baixinho, e ouvimos suas vozes inseguras ecoando pelo quintal. Eles têm sorte de estar aqui. No último minuto, quase foram deixados para trás. Neste verão, o Brookfield Zoo, de Chicago (que tem criado micos com sucesso há muitos anos), enviou para o National Zoo uma família de micos para voltar à mata. Mas, quando eles chegaram, um veterinário descobriu que Flash, o macho reprodutor, registrara num exame de sangue a presença de um vírus semelhante ao da hepatite. Isso não era incomum: humanos adultos costumam carregar anticorpos positivos para caxumba ou sarampo, aos quais foram expostos na infância, sendo incapazes de infectar alguém.

Então, supuseram que Flash estava a salvo, mas o mantiveram em quarentena assim mesmo. Nenhum dos outros micos mostrou qualquer sinal da doença. Uma semana antes, o patologista do zoológico identificara positivamente o vírus como o que causa a febre hemorrágica, uma doença transmitida por roedores que também pode afetar pessoas. Correu o boato de que os animais infectados poderiam ser transmissores de tifo: embora não parecessem doentes, poderiam passar o vírus a outras pessoas. Suponhamos que o macho morresse e seu corpo fosse atacado por roedores, que por sua vez fossem comidos por outros roedores, porco-espinho ou jaguatiricas, e começasse uma epidemia que ameaçasse toda a floresta tropical? Como o zoológico poderia expor os últimos micos-leões-dourados a uma praga? Há três dias, Ben decidiu se arriscar a trazer Flash. O resto do grupo veio — mas agora precisam de um macho reprodutor.

— Isso foi um impasse total para mim — diz Ben, enquanto ajusta os canos do comedouro. — O que fazer? Bem, encontrei um jovem macho já no Brasil que estava justamente chegando à idade da reprodução. Ele não é o ideal: gostamos de machos que tenham tido experiência em cuidar de filhotes antes de iniciarem suas próprias famílias. Mas verificamos seus genes, para nos certificarmos de que não haveria muito cruzamento interno, e ele é um bom parceiro para esta fêmea de Brookfield.

No National Zoo, um "livro de estudos sobre micos-leões-dourados" funciona como uma velha bíblia de família, narrando todos os casamentos e proles de MLDs em todo o mundo. Uma checagem por computador fornece aos tratadores "o coeficiente de cruzamento interno" — uma chave para a linhagem e diversidade genética. As circunstâncias nem sempre permitem que aconteça uma mistura genética. Este é especialmente o caso entre populações criadas em zoológico, onde os animais podem se tornar aparentados com muita proximidade e perder a variedade necessária para um sistema imunológico forte. Alguns animais selvagens — a chita talvez seja o caso mais famoso e triste — são tão cruzados internamente, que a sua extinção é quase certa. Como as chitas ainda existentes no mundo possuem um DNA idêntico, são essencialmente clones uma da outra. Para sobreviver, uma espécie precisa ter mais de um indivíduo, mas no caso das chitas cada indivíduo é a espécie inteira. Qualquer vírus que possa matar um deles também pode matar todos. Como os micos-leões-dourados estão desenvolvendo um problema semelhante, os zoológicos os cruzam com cuidado e chegam a utilizar o controle de natalidade em alguns grupos para garantir uma linhagem sangüínea forte.

Quando o macho brasileiro se juntar à fêmea e aos filhotes de Brookfield, será um "novato veterano", um mico reintroduzido que já conhece o caminho das pedras e que ajudará os recém-chegados a se adaptar. Já conhecedor da floresta tropical, irá procurar insetos torcendo folhas de palmeira, se orientará bem entre os galhos e ficará alerta quanto aos predadores. Embora não ensine habilidades conscientemente, eles aprenderão mais rápido observando-o.

— Ok, vamos pegar os micos — avisa Ben finalmente, e pegamos um dos canis portáteis, o levamos até a jaula e abrimos sua porta. Como um relâmpago de cor amarelada, a mãe, insegura, salta, corre até o cheiro familiar da caixa-ninho e mergulha dentro dela. Seus quatro filhotes vão atrás, emitindo gritinhos agudos enquanto metem as cabeças para fora e observam seu novo ambiente. Os bebês parecem pequenos bonecos de duendes com jubas selvagens, pele radiante, rostos de borracha e olhos redondos e pretos como os de Sen-Sen. A mãe parece mais um dançarino de kabuki, com olhos levemente orientais, pele tipo crepom e um queixo protuberante. Quando os filhotes saem aos poucos para explorar a jaula, fazem "chamados de contato" fortes que significam coisas como "Ei, eu estou aqui! Cadê você?" "Eu também estou aqui. Quem mais está aí?". Um dos filhotes encontra uma banana e emite um trinado agudo. Logo todos estão comendo. O local parece estranho, mas pelo menos a família está reunida, e há comida e até mesmo o cheiro reconfortante de suas camas. Os maxilares inferiores são abaixados para revelar dentes afiados quando emitem seus longos chamados. Arrastam então os traseiros ao longo dos galhos, registrando e assimilando os cheiros das glândulas peitorais e anais. Um rico aroma almiscarado adocica o ar. Logo a jaula estará completamente preenchida pelo cheiro — a única posse deles —, e o novo se tornará mais familiar. Andréia assovia e ri, e um filhote ri baixinho para ela.

Voltando para um segundo canil, na varanda, levamos Marty, um macho de dois anos de idade do Brookfield Zoo, e lhe damos uma jaula só para ele perto de um limoeiro. Na floresta, uma grave tragédia aconteceu no ano passado. Uma família de micos de Los Angeles estava vivendo esplendidamente bem em seu novo mundo quando ladrões de animais roubaram a mãe e o pai para vender como bichos de estimação. Isso deixou quatro órfãos: uma fêmea nova, um macho novo, e um casal de gêmeos de apenas dois meses de idade. O irmão e a irmã mais velhos estavam cuidando dos gêmeos da melhor forma possível, mas não podem cruzar. Então iremos remover o irmão, dar Marty à irmã como parceiro e torcer para que ele adote os filhotes mais novos e tenha outros.

Finalmente, apanhamos os últimos micos-leões-dourados e os soltamos numa terceira jaula. Este grupo inclui uma mãe de meia-idade ainda fértil, uma filha adolescente e um filho e uma filha mais novos. Precisam de um pai. Nosso plano é capturar um macho da floresta compatível para eles. Esse tipo de casamento nem sempre funciona. Às vezes, um par prometido realmente não consegue se suportar. Mas isso raramente acontece. Uma tendência maior e filosoficamente mais perturbadora é o fato de que os animais criados em cativeiro se esqueceram de como ser macacos.

Quando micos nascidos em zoológicos são postos em liberdade na floresta, ficam desorientados e indefesos. Sem saber como se alimentar ou voltar às suas famílias, muitos morrem de fome. Será que saberíamos sobreviver na savana africana? Animais de zoológico não aprenderam a caçar, enganar predadores, ter noção de espaço e decifrar suas vizinhanças. Coloque uma banana na frente deles e não saberão descascá-la. Imagine ter de ensinar a um macaco como descascar uma banana! E, o pior de tudo, não estão acostumados à decepção. Em zoológicos, a comida chega na hora certa em tigelas ou pratos, onde é fácil pegar o alimento. Na floresta tropical, eles precisam descobrir a comida — insetos escondidos em folhas de palmeira enroladas ou debaixo da casca; frutas; pequenos anfíbios. A comida se mexe às vezes, e vem em todos os tipos, formas e tamanhos, e pode não estar onde estava da última vez em que a encontraram. Como ensinar a um macaco a não se deixar desencorajar? Eles também precisam aprender que alguns sapos e cobras são venenosos. Animais venenosos não compartilhavam suas jaulas no zoológico. E eles também precisam aprender a cair. Em zoológicos, corriam ao longo de galhos resistentes, barras ou cordas; agarravam-se às grades das jaulas. Na floresta tropical, os gravetos podem arrebentar, cipós cobertos de limo podem fazer com que eles escorreguem, nem todos os galhos sustentarão seu peso, e os tetos das árvores estão a dezenas de metros acima do chão. Em zoológicos, "chão" significa tratadores bonzinhos e um mundo estável e confortável onde os micos se sentem seguros. Mas na vastidão selvagem é o céu que os salvará; o chão está repleto de gatos-do-mato, caçadores humanos e outros predadores.

Os micos selvagens levam vidas de sofisticados rituais sociais e relações tribais. Acrobáticos e observadores, podem tomar a medida de uma floresta e mapear os melhores locais de alimentação. Embora possam às vezes lutar com grupos vizinhos, as batalhas ocultam um objetivo secreto. Enquanto os adultos fazem posturas e vociferam, os jovens brincam juntos e verificam parceiros potenciais. Realmente não possuem outras formas socialmente sancionadas de encontro. É hábito dos micos-leões-dourados serem monogâmicos e viverem em grupos familiares rígidos, nos quais o pai ajuda a criar a prole. Quando uma filha atinge a puberdade, aproximadamente aos dois anos, a mãe a afasta para que encontre sua própria família e o incesto não ocorra; o pai faz o mesmo com um filho maduro. As fêmeas quase sempre dão à luz gêmeos fraternos, e os irmãos ajudam a cuidar um do outro. Famílias grandes são a regra. O toque domina suas vidas; quando não estão se alimentando, estão brincando juntos ou penteando uns aos outros. Separados de sua família, podem morrer de solidão. Ben e seus colegas passaram muitos anos estudando-os. Uma pequena parcela dos micos reintroduzidos sobrevive: 70% morrem no primeiro ano após ser soltos. O fato de 30% viverem é o grande motivo de sucesso do projeto.

Depois de desfazermos as mochilas e os micos terem tido tempo de se acomodar com suas novas vizinhanças, pegamos três micos em armadilhas e os levamos ao laboratório para receberem colares de rádio. Em sua pequena jaula, Jenny nos observa em silêncio. Deslizo uma divisória de madeira por entre as barras da jaula e pressiono-a contra uma das extremidades da jaula para Andréia poder lhe aplicar uma injeção. Três minutos depois, ela cai adormecida. Deslizando o polegar e o indicador por sua nuca, puxo-a para fora da jaula. Quão suave e frágil é a sua garganta! Dá um tremendo nervoso segurar a traquéia de um ser vivo com força suficiente sem obstruirmo-la, mas com suavidade bastante para não sufocá-la. O que fará este delicado, quase mortal, equilíbrio? Enquanto meus dedos tomam suas próprias decisões, sou lembrada de quantos processos vitais exigem atos complexos de uma delicadeza inarticulada. Raramente fazemos uma pausa para adivinhar como subir uma escada, nadar, atravessar uma rua ocupada; músculos e articulações fazem seus próprios julgamentos e revisões. Jenny não é tão cognitiva quanto eu, mas seu corpo segue sua própria sabedoria do mesmo jeito que o meu. Houve um tempo, não muito longe das sombras do passado de nossa espécie, em que parecíamos muito com ela e até pensávamos como ela. Como é assustador segurarmos nos braços uma versão anterior de nós mesmos.

Carregando Jenny pela sala, primeiro coloco-a numa balança — ela pesa 630g — e depois a ponho na mesa de trabalho. Tufos dourados de pêlo saem por entre seus dedos das mãos e dos pés, que possuem pequenas almofadas redondas na base de cada garra. Seus dedos longos e magros foram feitos para alcançar lugares estreitos, onde os insetos possam estar escondidos. Já vi mãos magras e graciosas como essa em pinturas de dançarinas tailandesas. Acariciando as almofadas escuras da pata, fico surpresa ao descobri-las macias e flexíveis. A sensibilidade é cara. Suas solas vulneráveis abrirão um mundo de detalhes para ela, mas a que preço? Espinhos, picadas de formigas, abelhas, bambus afiados, tudo isso pode ser perigoso. Ao contrário de muitos macacos, MLDs não têm caudas preênseis; a cauda longa lhes serve de barra de equilíbrio. Em seu narizinho, duas finas narinas afastam-se uma da outra em ângulos agudos. Uma ligeira curva descendente é o formato natural de sua boca, como se ela fosse apanhada fazendo um perpétuo beicinho. Bigodes dourados saltam de seu queixo, e um bico de viúva amarelo-canário leva a uma juba dourada inteira circulando a cabeça. Sua pequena língua em forma de violão, entrando e saindo, tem uma marca funda descendo para o centro, onde fica a maioria dos alvéolos. Micos-leões-dourados soltam um odor tão pungente, que é esta uma das maneiras de identificá-los, tamanha a intensidade do cheiro. Enterrando meu nariz em seu peito, inalo intensamente o aroma de pão com gengibre quente misturado com trigo encharcado. Anotamos que seu cheiro forte está "dentro da média". Andréia coloca nela o colar de rádio, uma gravata-borboleta de componentes eletrônicos e antena. Então, levo-a até a pia e pinto sua cauda de preto. Dividindo a cauda em quatro seções, marcamos micos de acordo com um código, que torna mais fácil identificá-los. Como ela é a fêmea mais velha, sua cauda inteira será preta. Agora Alfie começa sua experiência dentária, aplicando látex verde nos dentes dela e tirando uma impressão. Que caninos afiados! Quando vejo um palato coberto de saliências, sorrio, porque já vi esse padrão antes, em moldes dentários de minha própria boca. Todos os primatas possuem palatos sulcados. Terminando finalmente o trabalho com ela, nós a colocamos numa pequena jaula para podermos ficar de olho nela até que desperte.

Então "processamos" sua filha, Maria, da mesma forma. Mas ficamos perturbados ao encontrar um corte, como uma pequena insígnia vermelha, em seu ombro esquerdo. Esse par, do Zoológico de Columbia, tem tido brigas piores do que imaginávamos.

— Desde que não haja corte no rosto, tudo bem — observa Joleen com cuidado. — Se houver cortes no rosto, a briga ficou séria o suficiente para alguém acabar morto, porque significa que um dos animais se tornou passivo e não está correndo do ataque.

Naquele momento, mãe e filha não podem fugir do caminho uma da outra, e estamos esperando que amanhã, quando um macho chegar para a mãe, a filha se torne mais pacífica e toda a família se acalme. Então iremos soltá-los numa floresta repleta de frutas. Se seus laços sociais forem fortes e eles se adaptarem bem a seu novo lar, deverão começar a procriar imediatamente. No mato, MLDs geralmente ficam grávidas uma vez por ano. Mas em anos especialmente chuvosos, quando há frutas em profusão, elas às vezes ficam grávidas duas vezes. De cada vez elas dão à luz gêmeos fraternos, e é essa prole que realmente irá dominar a floresta. Micos reintroduzidos são imigrantes típicos, assolados pelos problemas a eles comuns. Não se adaptam perfeitamente porque existe muita coisa nova: sons, comida, abrigo, predadores, clima, doenças, padrões de tráfego, necessidades educacionais. Seu dialeto de hábito e ação, trazido do país antigo, não funciona muito bem nesse prolífico mundo novo. Mas sua prole irá se encaixar neste reino encantado como num passe de mágica. A primeira geração nascida num país a ele pertence.

Na manhã seguinte, às 5h45min, o galo começa a cacarejar alto, embora gaguejar talvez fosse o termo mais exato, já que soa como se estivesse se engasgando com metros de flanela. O quarto está escuro como uma mina de carvão. Depois do quadragésimo cacarejo, paro de contar e balanço as pernas para fora da cama, mas interrompendo no momento exato em que me lembro de que estou na parte de cima de um beliche. No caminho para a cozinha, acendo uma vela e inicio o ritual do café: fervo a água, jogo o pó de café nela, levo-a rapidamente a uma nova fervura, tiro-a da chama na hora em que começa a ferver e então passo-a por um coador de meia pendurado num tripé. Finalmente, coloco o café em duas grandes garrafas térmicas e me sirvo uma xícara. Forte, encorpado e preto como glicerina, o café brasileiro é uma paulada na moleira, o que me leva à varanda com o nascer do sol. Lá encontro Andréia e Beate, já preparando comida para os micos.

— Bom-dia! — Beate saúda em português. — Tudo bem?

— Tudo bem — respondo também em português.

Como estamos todos preocupados com Jenny e Maria, vamos até a jaula delas, embaixo da bananeira. Ambas as fêmeas estão fora da caixa, mas o pêlo de Maria está todo estofado, e suas costas, arqueadas numa exibição de agressão semelhante à de um gato, que é chamada de "andar em arco". A mãe está sentada num galho mais baixo. Beate balança a cabeça. Não é um bom sinal. Na selva, sem macho à vista, os papéis de algum modo se reverteram. Ficamos nos perguntando o que acontecerá quando um macho for introduzido. Somente a fêmea procriante de uma família é fértil. Embora de meia-idade, a mãe ainda é vital, e ela normalmente levaria a filha para longe para encontrar sua própria família. Será que agora irá parar de ser fértil e viverá seus dias com o grupo como uma viúva enquanto a filha assume o controle reprodutivo? Será que irão lutar ferozmente o bastante até que uma possa matar a outra?

De volta à casa, os funcionários começaram a chegar. Um deles encontrou um beija-flor tonto no capô de seu carro, e Ben segura seu corpo pequeno e verde-iridescente, levando o longo bico até um prato de suco de laranja, que ele lambe com uma língua ainda mais comprida. Logo sai voando por conta própria, e subimos na van para encontrar os sete rapazes e moças da equipe de recuperação. Numa encruzilhada próxima da estrada principal, vestindo uniformes cáqui, eles esperam por nós. Como estamos um pouquinho atrasados, usaram os facões para esculpir um banco com bambu e cipós, e lá os encontramos "chutando pedras", como Ben chama a arte de esperar. Sorriem de orelha a orelha quando nos aproximamos e cumprimentam Ben e Beate com abraços e apertos de mão. Todos estão na casa dos 20 anos, fortes e atléticos, e este é um emprego em tempo integral, de seis dias por semana. Eles compartilham notícias sobre os micos, problemas com ladrões ou donos de fazenda, e preocupações quanto aos salários. A inflação galopante devastou a economia brasileira, seu pagamento é em dólares, e o dólar vive subindo e descendo no mercado. Ben lhes assegura com certeza que o pagamento se manterá vinculado à taxa inflacionária. Em certo sentido, a cidadezinha onde moram, Silva Jardim, é uma cidade-empresa. O projeto reúne 22 jovens e também absorve uma quantidade considerável de comida e outros suprimentos da cidadezinha, de modo que incrementou a economia local. Bem-pagos e especializados, trabalhando por uma causa nobre, os membros da equipe de recuperação têm uma atividade bem-prestigiada — por isso, a cidade adotou os gringos do projeto que falam português.

Quando saímos, a equipe parte para seu trabalho diário de patrulhamento dos muitos sítios, e dirigimos até uma fazenda próxima, em cuja floresta uma família de micos de Seattle está vivendo. Esperamos apanhar numa armadilha o filho maduro, Seattle Six, que ficou velho demais para continuar vivendo em casa. A mãe morreu. O pai toma conta das crianças, mas o filho precisa se mudar e iniciar sua própria família, e o pai, de outra noiva. Nuvens baixas pendem como fumaça nos vales, e cecrópias brilham brancas dos topos das colinas enquanto descemos as estradas devastadas de uma fazenda produtora de leite. Quando a estrada acaba na casa-grande do proprietário, deixamos nosso caminhão e começamos a subir um morro íngreme até a floresta.

— Este é o grupo que menos tem progredido — comenta Ben, com tristeza, quando finalmente deixamos a colina gramada para trás e nos encontramos de frente para uma densa floresta tropical.

Subitamente o ar fica frio e úmido. — Não são selvagens ainda. Nós lhes damos comida a cada três dias.

Subindo pela vegetação rasteira e caminhando paralelos a um riacho, finalmente nos encontramos no paraíso dos micos: um bosque ensolarado, de árvores altas e cipós. Galhos balançam no alto, cigarras zumbem, mosquitos zunem como bombas caindo, e beija-flores que parecem jóias voejam entre aves-do-paraíso. Uma perereca coaxa devagar, como se alguém estivesse dando corda num brinquedo. Mas existe uma sensação estranha segundo a qual esta selva seria quase um deserto: não há grama ou ervas no andar térreo para os animais se alimentarem. Na verdade, caminhando pela floresta é raro ver algum animal. Alguns são noturnos. Muitos são tão bem camuflados que, se pode passar por eles sem que sejam notados. Mas a maioria dos animais se aglomera no topo das árvores, alimentando-se da folhagem e aproveitando a mais preciosa riqueza de todas, um elemento perigosamente raro numa floresta tão densa, mas sem o qual a vida não pode sobreviver: a luz do sol.

Para todo lugar que se olha na selva, existem plantas e animais desesperados por um lugar ao sol, um pedaço de luz, a qual é a regra dourada de nosso planeta; luz que eleva a menor das folhas numa dança em espiral; luz que pega uma gruta negra e a transforma numa celebração de coloração verde-musgo. A luz é a grande sedutora da floresta, e é raro encontrar flores exuberantes ou muitos animais nos níveis mais baixos. Em vez disso, os enormes e densos pontos mais altos contêm o mais rico sortimento de plantas e vida animal. Lá em cima, a floresta tropical parece uma exuberante espécie de *jazz* verde, vibrante, sonoro, com flertes e acasalamentos, duelos e danças, apunhaladas pelas costas e golpes baixos, trapaceiros e ladrões de ouro, mulheres fatais e dândis. Nos fumegantes tetos da floresta tropical, flores abertas pingam de néctar, e morcegos com dragonas estofam tufos de pêlo branco em seus ombros como se estivessem inflando insígnias militares para convencer as fêmeas de que elas têm mais a dar, que são mais bem dotadas do que o morcego ao lado de que são maiores que a vida. Os pássaros fazem danças de guerra e *strip-teases* às avessas. O delírio da selva, bêbado de luz do sol e sexo, é perpetuamente sacudido com cortes, acasalamentos, duelos, partos e novamente acasalamentos. A morte acontece com freqüência, mas desaparece rápida sob a chuva e dentes famintos, ao passo que blefes e posturas empertigadas, choro e ranger de dentes, declarações de *status* e declarações de amor, coletas e reparos, gemidos e alertas continuam noite e dia. Acima de nós, um pandemônio mais que visível está a caminho. E, ainda assim, o que nos assusta é um som completamente deslocado: inegavelmente o mugido distante de uma vaca.

— Isso é o que se chama conservar a parte do mundo real — diz Ben, soltando uma gargalhada — ao lado de uma rodovia, num morro depois das pastagens de alguém. As pessoas têm uma imagem romântica do trabalho em ambientes ainda virgens. Se os micos vivessem num ambiente imaculado, não estariam nessa bagunça.

Ele e Nélson montam algumas armadilhas para os micos, atraindo-os com bananas. Embora estejamos nos escondendo na folhagem, os micos estavam quase certos de nossa presença no instante em que adentramos a floresta. Árvores cobertas de líquen têm pintas verdes, marrons e pretas, assim como nós. Nossas calças camufladas se mesclam à luz verde e sarapintada. Foi o que adotamos para ficarmos parecidos com as árvores, e funcionou. Pequenas borboletas voejam entre as samambaias, e então uma azul, gigantesca, com asas do tamanho de duas cartas de baralho, voa ao nível dos nossos olhos, roubando o fôlego de todos nós, e desaparece. Em florestas temperadas, as árvores têm folhas de diversos formatos, mas as folhas de uma floresta tropical se parecem muito umas com as outras. São macias e têm pontas das quais a água pode pingar. À medida que as gotas de chuva caem — como algo caindo forte e ressonante na água — sobre as folhas largas, o ar fica pesado e úmido, como cobertores molhados, mas sem peso.

— Seattle Six é o número um — avisa-nos Ben, e passa um guia com as marcas de caudas de toda a família.

Subitamente MLDs aparecem no alto, fazendo sons de soluço e pulando de galho em galho. Que emoção vê-los no alto e na selva, onde pertencem, recortados por enormes samambaias, balançando por entre raios de luz. Instintivamente, enrolo a mão ao redor de um tronco de árvore fino. Imagine deslizar pelos tetos das árvores com tanta graça, com tanta facilidade. Finalmente vemos Seattle Six, que agora começamos a chamar de "o noivo", seu pêlo grosso e macio de um dourado-escuro, não o louro-claro dos micos criados em zoológico. Um por um, os micos inspecionam as jaulas e são apanhados — todos exceto "o noivo", que num determinado momento estica a mão cuidadosamente sobre o arame da armadilha e agarra uma banana.

— Filho da mãe esperto — ironiza Ben. — Vamos ter muito trabalho pra pegá-lo. — Horas mais tarde, depois de termos tentado colocar novas iscas nas armadilhas, arrumar novamente os arames, deixar uma trilha de pedaços de banana, começamos a nos desesperar. Deixando Nélson na floresta, Ben, Alfie, Joleen e eu retornamos à pastagem.

— Ok, caça aos grilos! — diz Ben. É uma medida desesperada, mas nos faltam idéias. Então, nós quatro nos arrastamos pela grama alta à procura de grilos. Enquanto os estamos caçando, observamos um vaqueiro a cavalo perseguindo três vacas que fugiram para a floresta. Ben sai correndo e enxota o gado; o vaqueiro agradece e conduz as vacas morro abaixo. A maioria dos brasileiros vê a floresta como um reino primitivo e irracional cheio de fantasmas e duendes. É como se fosse centro-*id* de seu país. Civilização e progresso estão nas mecas de cromo das cidades, na terra arada, no futuro, não no passado pagão e inexplicável. Respeitam os que trabalham na floresta, mas acham que são malucos por dormirem lá.

— Peguei um! — grita Joleen, segurando um grilo gordo. Ben puxa um pedaço de arame do bolso e dá um laço ao redor da seção central do inseto. Alfie e eu apanhamos mais grilos, e logo Ben tem uma fieira esperneante, que leva de volta ao bosque. Micos nunca conseguem resistir a um suculento grilo. Por fim, "o noivo" arrisca a armadilha e é apanhado. Nós o levamos para fora da floresta, descemos o morro e o colocamos na traseira do caminhão; então, voltamos ao acampamento.

Antes do jantar, processamos "o noivo". Na mata, os micos desenvolvem um brilho luminoso em seu pêlo. Eles têm pernas cor de batata-doce, testa amarelo-brilhante, barba e braços avermelhados, e peito e barriga da cor marrom-dourada de um milharal no outono. Uma espessa cabeleira que lhe recorta o rosto o faz parecer um deus do sol asteca. Segurando-o nas mãos, sinto seu pêlo estranho — macio, mas também tenso, como vidro soprado. Ocasionalmente seus olhos se abrem; são dobrões escuros. Quem poderia inventar criatura tão atordoante? Será que sonham? Será que imagens se costuram em sua mente como sombras por entre as árvores? Quando acorda, balança a cabeça e, desorientado, tropeça algumas vezes. Nós o levamos até a jaula da família de Brookfield e abrimos a porta, presa com três pedacinhos de arame.

Pedaços de arame são a verdadeira moeda corrente do acampamento, e muita gente os leva enfiados nos bolsos ou na cintura. O arame segura os comedouros, os pratos de água e as bananas que pendem das jaulas: é essencial para a construção dos comedouros. Ele prende as portas das gaiolas; segura um pedaço de tela sobre a entrada da caixa-ninho para selar os micos para viagem; agarra grilos recém-capturados; e prende quase tudo à maioria das coisas.

— Pensei que os homens não pudessem viver era sem fita isolante — comento, quando Ben enfia mais um pedaço de arame no bolso. Subitamente seu rosto se incendeia como que com um fogo primordial, e ele emite um som de uivo ancestral.

— Fita isolante! — grita ele.

Beate e eu caímos na gargalhada, em parte porque somos obcecadas por saquinhos selados a vácuo — de fato preciosos num ambiente repleto de insetos —, e cada uma de nós trouxe dezenas deles. Os homens precisam prender e juntar coisas; nós precisamos manter as coisas protegidas e intactas.

— É realmente um saco quando as diferenças de gênero ficam tão evidentes, não é? — diz ela, passando a mão pelos cabelos louros e curtos.

Quando o noivo entra na gaiola e se acomoda num galho, os micos de Brookfield olham um por um para fora de sua caixa-ninho e começam a tagarelar; então a fêmea trota até o noivo e senta-se perto dele. Eles se alimentam com pedaços de maçã e banana. Até aqui tudo bem. Se ambos dormirem na caixa-ninho esta noite, o acasalamento estará consolidado.

De volta à casa, começam duas horas de muita bebida, com beberagens locais, acompanhadas de um jantar na mesa comprida, que todo mundo compartilha, enfiando as colheres em panelas de feijão-preto e arroz, abóbora frita, pão francês fresco e uma mistura grelhada de salsicha, frango e bife. Quando a conversa se volta para grelhas a céu aberto e churrascos, Ben coloca o garfo de lado e fala de sua profunda afeição pela madeira.

— Na lareira dentro de minha casa em Maryland, queimo carvalho vermelho, às vezes algum caravalho branco ou bétula, por causa do cheiro, e alfarrobeira preta, quando consigo arrumar. Esta é uma lenha de primeira, para calor e atmosfera. Não cozinho com ela. Agora, na grelha do churrasco, uso carvalho e bétula, dependendo da carne, se realmente quero um sabor defumado, cozido lentamente, ou um efeito rápido, quente, escorchante. Na lareira externa, na varanda dos fundos, às vezes guardo uma grande panela de cozinha e faço coisas como feijão ou pimenta a fogo aberto, e para isso só uso carvalho vermelho.

— O que você acha tão excitante na madeira? — pergunto.

— É uma coisa bem no meu interior, em minha alma, algo primitivo. Gosto de ter exatamente a madeira certa cortada exatamente nos comprimentos, espessuras e estados de secagem exatos para tarefas à mão. E adoro cortar madeira. A melhor forma é sair num dia bem frio de inverno, quando a água dentro da madeira congelou e se expandiu; quando se atinge o tronco com um machado ou marreta, ela é cortada certinho, e o ar ressoa com o som da madeira, e você começa a suar rapidamente. Você pode tirar a camisa, e logo o vapor está saindo de seu corpo. São seis da manhã, e o dia está acabando de nascer. As pessoas ficam tiriricas comigo porque acordo todo mundo. Mas isto é o Paraíso. É um êxtase. Sorrindo só de pensar em tamanha paz, ele volta à sua comida, passando manteiga num grande bico de pão francês.

Chegam a sobremesa e o café, e as pessoas relaxam nas poltronas ou passeiam até a varanda. Joleen trouxe um livro de expressões de português-inglês e, levando um dos bonitos rapazes brasileiros para o seu lado, espanta-o com suas frases levemente indecentes e obscenas. — Porra! — ela lhe diz em português. Depois: — Caralho! Estou com tesão.

— Vão ser duas semanas interessantes — comenta Ben.

Quando cai a escuridão, os morcegos saem como fumaça de baixo das vigas da varanda. Uma colônia de morcegos resistente vive no espaço estreito sob o teto, e suas fezes atraíram um oceano de vermes, que Fernando às vezes usa para alimentar micos que pareçam doentes ou precisem de proteína extra. Tanto os morcegos quanto os vermes são convidados muito bem-vindos. As sobras da cozinha vão alimentar as galinhas, cujos ovos comemos. A maioria das coisas no acampamento é reciclada. Com os faróis ligados, Roberta chega em seu fusquinha e se junta a nós no final do jantar. Para ela, é cedo. Normalmente aparece no fim da noite para bater papo, beber cerveja e depois subir para seu beliche inteiramente vestida. Ao amanhecer parte para o seu dia de trabalho, levando consigo as sobras do jantar do acampamento, que guardou para comer no dia seguinte, sozinha na estação de trem abandonada que converteu num laboratório. Existe alguma coisa meio extraterrena nela. Depois de dois anos no Brasil (quase todo esse tempo no mato), ela fala e gesticula como um brasileiro, pontuando suas conversas animadas com o típico gesto brasileiro de estalar os dedos — cinco ou seis em rápida sucessão. Às vezes, começa uma frase normalmente, mas, no final, cai direto naquela zona crepuscular nos moldes do seriado *Além da Imaginação.*

— Realmente adoro isto aqui — ela fala toda animada, tomando um gole de cerveja —, mas o que está começando a me dar nos nervos são os copos. Paramos para olhar os copinhos. — São copos de geléia, sabem? Veio geléia neles. Estou cansada de beber em copos de geléia; vocês sabem onde a geléia esteve, os copos de geléia. — Os olhos de Howie, Alfie e os meus se encontram. — E, claro, os mosquitos — ela continua. — Vocês entram na cama, e eles estão lá, seguem vocês, esperam, são enormes e estão sedentos de sangue; não há jeito de se proteger deles quando decidem ir atrás de você. — Contudo, notei que ela deixa a porta do quarto aberta à noite com a luz acesa, convidando os mosquitos a entrar.

Ela está titubeante quanto a voltar para casa. Sua vida, família, trabalho e cultura agora são brasileiros. Mas ela precisa retornar à sua universidade americana para completar um PhD. O pessoal do acampamento gosta dela e não se incomoda excessivamente se ela chega atrasada ou falta para uma refeição, já que sua imprevisibilidade é previsível. E, de qualquer forma, ela se tornou a floresta. Macia e curvilínea quando chegou, ela agora parece musculosa, esguia como uma árvore. Seus cabelos compridos lhe caem pelas costas, e seus cachos estão cortados rente, no estilo indígena. Sua pele passou de um bronzeado para uma cor de mogno curtido.

Nesse tipo de trabalho alguma coisa sempre fica para trás, às vezes o país ou a família. Depois de uma imersão profunda, algumas pessoas atravessam a linha e se tornam tão acostumadas a ser independentes e a viver no mato, que jamais retornam, mas ficam vagando, aceitando empregos de baixo salário em vários projetos, talvez se casando com alguém do local. Roberta está exatamente nesse ponto. Por dois anos seguidos ela andou coletando dados em vastas quantidades sobre a vegetação desta floresta. E agora precisa retornar aos Estados Unidos e dar um sentido a tudo isso, sintetizar tudo, escrever uma dissertação, procurar emprego, voltar a um mundo estranho e formal. Houve um breve momento, durante os anos 70, em que pessoas com experiência de campo podiam encontrar empregos no movimento conservacionista. Mas, hoje, os que não retornam ao meio acadêmico se vêem de repente na casa dos 40 anos, vagando, sem um emprego numa universidade ou numa empresa, com toda uma experiência de vida, mas sem segurança alguma. Subitamente, cansados de acumular experiência, não têm como reingressar na sociedade normal. Ecologista com valioso tempo no campo, Roberta deve retomar um título na faculdade e um emprego enquanto puder. Um dia, ela própria provavelmente enviará estudantes formados para o Brasil.

— Como foi o Natal? — perguntei.

— Ah, eu fiz um grande presépio, inteiramente de besouros, você sabe, aqueles besouros bonitos, verdes, azuis e pretos, todos de cores e tamanhos diferentes. Sempre que eu achava um ao longo do ano, guardava para o presépio: o besouro Maria, o besouro José, os besouros Reis Magos, os besouros ovelhas. Ben achou o besouro Menino Jesus para mim: um besourinho realmente espetacular. Têm de estar mortos, claro. Andei pensando que um presépio com moscas também daria certo. Mas os besouros, cara, eles deram um presépio muito interessante.

— Roberta precisa ir para casa — conclui Fernando, sorrindo.

Domingo de manhã. A chuva, caindo espessa e alta nas grandes folhas de bananeira, forma uma grossa tela cinzenta. As janelas com telas criam seu próprio nevoeiro visual; então, olhando para fora, vemos duas chuvas, uma rala e silenciosa, outra firme e ruidosa. Na mesa de trabalho da varanda, cortamos bananas, maçãs, abacaxis, pêssegos e a "Dieta para Macacos"; então, levamos a comida para cada uma das jaulas dos micos. Eles comem devagar por causa da chuva, e esperamos que terminem. Hoje é dia de soltá-los. Na casa, os outros estão de pé e ocupados, degustando seu café da manhã e embrulhando o almoço. Como pode ser que fiquemos fora por muitas horas, tomamos muito café e comemos muita banana frita com açúcar. Apesar da chuva, o ar parece eletrificado de animação quando isolamos os macacos em suas caixas-ninhos e os levamos conosco para a van.

Meia hora mais tarde, saímos da rodovia principal e entramos na Fazenda Dois Coqueiros, em Duas Palmas, com seu pitoresco par de casas recortado contra as plantações e as colinas de florestas. Dirigimos ao longo da estrada de lama até o fim dela, e então seguimos a pé por um trecho denso de floresta, passamos por uma queda-d'água por uma figueira que tem uma fita amarela amarrada no tronco. Ali subimos um morro mais íngreme até chegar a uma árvore com uma fita vermelha. Luís já escolheu este sítio como um bom lar para os micos, com árvores frutíferas ao redor e uma ótima extensão de galhos e cipós. Quando Ben coloca a caixa-ninho azul e branca ao pé da árvore, vejo um rostinho dourado espiando por trás da porta de tela. Acho que é Jenny, a mãe, tão ansiosa pela liberdade, embora não se possa ter certeza sem ver as marcas na cauda. Gostaria que houvesse um jeito de tranqüilizá-la e acalmá-la. Ela não sabe que estamos aqui para ajudá-la e que toda a confusão dos últimos dias em breve estará terminada.

Luís tira seu tênis e sobe oito metros na árvore, até onde o tronco grosso se divide. Com o facão, limpa a área para a caixa-ninho. Andréia lhe atira tesouras de jardineiro e um rolo de arame; Ben lhe joga um galho recém-cortado para usar como pé-de-cabra. Então, ele manda a caixa-ninho para cima por meio de uma polia, e Luís a prende no lugar adequado, fixando um galho perto da porta para que os micos não precisem pular para um galho distante.

— Jardim da infância para macacos — replica Ben. — Estamos tentando tornar tudo o mais fácil possível para eles.

No momento em que Luís abre a porta da caixa-ninho, Jenny sai correndo. Em seguida é a vez de sua filha, Maria, depois o macho, Melvin, a quem havíamos capturado como parceiro para Jenny, depois os filhotes. Os últimos quatro subitamente começam uma cantoria áspera e rítmica para a mãe. Não há dúvida quanto a seu propósito. Alto e rascante, ele surte um efeito imediato: ela corre mais alto na árvore e parece realmente chacoalhar. A cantoria fica cada vez mais alta e estridente. A mãe desce seis metros até o chão.

— Ah, não — digo, colocando uma das mãos no rosto, como nós, humanos, tanto costumamos fazer quando perturbados. Meus instintos me imploram para ajudá-la, mas fico onde estou.

— Será que alguém não devia segui-la? — Beate pergunta, ansiosa.

— Ela está usando um colar — retruca Ben. — Veja, ela está em pé novamente.

Subindo outra árvore, a mãe corre de galho em galho até estar a meio caminho morro abaixo. Atordoando-a com suas vozes duras, sua família continua a afastá-la. Se ela sair em disparada, teremos de segui-la para manter um olho nela, apesar da lama e da chuva. Jenny, apesar da meia-idade, ainda é vibrante, ativa e fértil. Tem filhotes para criar. Mas é um tanto quanto velha para encontrar uma família em algum outro lugar. O que será dela? É arrasador vê-la exilada de sua família, descartada, banida para a prisão de uma árvore distante.

Maria senta-se num galho perto da caixa-ninho e faz chamadas de alarme para ela, que ganhou temporariamente um novo macho: ele anda atrás dela para assegurar seu domínio e então marca um galho com seu cheiro. Os filhotes se aquietam e começam a correr ao redor da árvore, alimentando-se no comedouro. Não muito longe de vista, Jenny começa lentamente a fazer o caminho de volta para a família. Vendo isso, Maria e Melvin saem juntos para um galho e gritam para a mãe uma versão símia de "Nem pense em entrar, madame!". Ela recua. Então, eles voltam para o topo da caixa-ninho. Um dos filhotes faz um chamado rouco, de partir os ouvidos: o característico "chamado infantil", que serve como pedido de comida. Às vezes até mesmo um adulto, em momentos de tensão, faz o chamado infantil para amenizar uma situação desse tipo, dizendo em essência: "Não me machuque; no fundo eu sou uma criança." Mas o filhote faz uma coisa que nos surpreende: vai até o padrasto, olha-o na cara e torna a fazer o chamado infantil. O pai não tem comida e não está comendo. "Me dê comida", o filhote continua a implorar, "me dê comida, me dê comida." Nesse estranho mundo novo, com seu pai natural faltando e sua mãe levada para longe, o filhote precisa cair nas graças do padrasto. O outro filhote chega correndo, rola e pede ao padrasto que o penteie. O padrasto começa lentamente a brincar com ambos. Enquanto a família principal come em silêncio, a mãe vai chegando mais perto de mansinho. Vendo-a, Maria dá um pulo sobre o topo da caixa-ninho, ficando acima da altura do macho, anda para frente e para trás, e grita agressivamente. Sua linguagem corporal diz: "Este é o meu homem!"

Quando a mãe recua, os filhotes, o padrasto e a filha começam a explorar seu novo mundo, de maneira brincalhona, sem muita hesitação. Um se coça com uma pata traseira, como um cachorrinho; outro enrola o corpo todo num galho. Às vezes eles pulam de galho em galho ou se sentam sobre as patas traseiras como cangurus. São mestres em pegar três galhos com três patas e escalar ou subir um cipó com as mãos. Por mais incomodados que estejamos com Jenny, também estamos satisfeitos por quão bem o resto do grupo parece estar se ajustando.

— Este é um grupo que foi usado em experiências de orientação quando de volta ao zoológico — explica Ben. — Um estudante graduado os desorientava de propósito: mudava a caixa-ninho de lugar enquanto dormiam, para que acordassem num lugar com o qual não estavam familiarizados; e isso realmente parece ter ajudado. Estou muito animado com isso.

Lidar com novidades ou mudanças ao acaso é difícil para micos. Enfrentar o desconhecido pode ser devastador. Mas, assim que a mudança se torna habitual, a novidade propriamente dita passa a ser um estado de coisas familiar. A vida ainda é estranha e exigente, mas não paralisadora; eles aprendem a resolver os problemas.

Um dos filhotes tenta caminhar sobre uma palmeira fina e desliza num galho. Ben faz um rápido comentário sobre todos os seus movimentos para Andréia, que anota tudo num bloquinho. A mãe continua a manter a distância, movendo-se lentamente entre os galhos de uma árvore próxima. O fato de que ela está se movendo é um ótimo sinal. Temos medo de que possa parar a qualquer momento, dar a batalha por perdida, tornar-se indefesa, entregar-se ao desespero ou ser capturada por um predador.

Sentados no chão da floresta, nós, os humanos, vocalizamos um para o outro e nos livramos dos mosquitos. Os micos nos ignoram — somos parte do lixo de folhas; somos um pano de fundo. Às vezes eles olham para nós e sustentam nosso olhar fixo por um breve momento, que logo passa. Eles não vasculham nossos rostos à procura de traços familiares. Não precisam medir a distância. Não compreenderiam nossa solidão como espécie. Ben fala três línguas: português, inglês e código científico. Num momento ele diz: "Ela está levando a sirigaita para longe!" — E no seguinte: "CB-Três solicita que LA-Cinco o penteie." A filha é toda intimidação; a mãe toda astúcia e diplomacia. A filha fica ao lado do macho, faz poses agressivas para a mãe e grita. A mãe espera até que o macho esteja só e então se aproxima dele, sedutora, e pede-lhe que a penteie.

— Bela estratégia — comento.

Ben me alerta para eu não imaginar que eles tenham alguma intuição.

— São exatamente como relógios suíços — diz. — Apenas reagem. Seus hormônios lhes dizem o que fazer. Nem pensam a respeito.

Ele não gosta de atribuir cognição ou emoção aos macacos, chamá-los pelo nome ou considerá-los sob um ponto de vista estético. Então ele faz uma careta quando digo que a mãe, assustada, parece "intimidada" pela exibição da filha ou quando descrevo um dos filhotes como "bonitinho".

— Olhe desta forma — finalmente digo com bom humor. — Como fêmea primata superior, estou programada para responder aos filhotes de todas as espécies mamíferas como bonitinhos, especialmente primatas inferiores. Pense nisso como parte de meu programa evolucionista.

Ben sorri, passa a mão na barba e faz que sim com a cabeça
— Muito justo — replica.

Por horas, observamos a família se alimentando e brincando, enquanto Andréia anota cuidadosamente até mesmo suas menores ações. Observadores aprendem uma complexa taquigrafia, com a qual devem registrar muitos dados sobre muitos indivíduos ao mesmo tempo. Por vezes também escolhem um animal ao acaso e simplesmente acompanham suas ações por dez ininterruptos minutos. O melhor observador faz uma boa "varredura": um instantâneo mental de onde cada macaco está no tempo e no espaço. Observações frias são cruciais para o projeto, que consiste em coletar uma grande quantidade de dados sobre os hábitos dos micos, vida familiar e nutrição. Mas profissionais como Andréia estão longe de não se envolver.

O Projeto Mico-Leão-Dourado é um empreendimento independente. Durante as mais variadas épocas, as pessoas têm tirado animais raros ou exóticos do mundo selvagem e os mantido em zoológicos. Agora os zoológicos estão mandando de volta os animais para o mundo selvagem. A maioria dos cientistas e naturalistas vive tendo como primeira diretriz apenas observar os animais e jamais se intrometer no funcionamento da Natureza, mesmo que isso signifique ver seu animal predileto morrer de doença ou cair vítima de um predador. Abstinência é uma ética central entre cientistas, para quem "observar mas não interferir" reina como um rigoroso mandamento. Mas os tratadores do zoológico estão acostumados a cuidar de animais, tratar deles, criá-los, protegê-los e mudá-los de um lado para outro: vivem regidos por um código diferente.

— Quando comecei a trabalhar, em 1970 — explica Ben, sentando-se ao abrigo de uma folha de palmeira —, os zoológicos estavam na iminência de mudança. Até então, eles haviam sido em grande parte consumidores: tiravam animais da selva para aumentar suas coleções. Mas a maioria dos zoológicos esclarecidos reconhecia que era irresponsável ir à selva e, sem o menor critério, adquirir animais para coleções. Os zoológicos tinham começado a produzir populações de animais auto-sustentáveis. Não era apenas uma questão de interesse pessoal. As coleções de animais dos zoológicos eram um recurso científico extraordinário para a pesquisa comportamental. Também tinham a responsabilidade de incentivar a conservação na selva, ou comprando e protegendo reservas, ou enviando especialistas para o campo, a fim de auxiliarem pesquisadores e administradores da vida selvagem. E perceberam seu enorme compromisso em educar o público. Se a conservação mundial for bem-sucedida, precisaremos mandar recursos dos países ricos, desenvolvidos — em grande parte na América do Norte, Europa e Japão —, para o Sul, nos trópicos, onde os países estão se desenvolvendo. Os zoológicos têm a responsabilidade de ensinar às pessoas biologia, ecologia, biologia conservacional, economia mundial...

— É melhor para os animais viver num Éden artificial? — pergunto.

— Os zoológicos precisam repensar sua filosofia — responde Ben. — No momento, é proteger cada animal individualmente e poupá-lo do estresse, da fome e das grandes oscilações climáticas. Trazemos conosco a idéia de que a selva é de algum modo um paraíso romântico, mas olhe a seu redor. Os micos selvagens estão meio famintos; estão infestados de parasitas. Não têm tratamento veterinário; não têm fontes de alimento confiáveis; estão sujeitos à umidade e ao frio; existem predadores atrás deles a todo instante. Não é um paraíso mesmo. E animais nascidos no zoológico estão mal equipados para lidar com esses tipos de desafio. Se formos manter a seleção, a fim de a adaptação genética poder enfrentar tais desafios, e se formos fornecer experiência suficiente aos animais de zoológico, para aumentar sua chance de adaptação, teremos de submetê-los intencionalmente ao estresse, em nome do amor à sua espécie. Isso vai ser um problema de verdade, porque os zoológicos estão acostumados a pensar apenas em proteger o indivíduo. Mas, você sabe, a conservação não tem nada a ver com o Bambi. Estamos tentando salvar toda uma espécie, um ecossistema inteiro no qual ela vive.

No teto de uma palmeira, um jovem macho que é a cara de Don Ameche procura por insetos. Subitamente ele cai, todo aberto feito um gato, e quica no chão 10 m abaixo, fareja, agarra um galho baixo, inseguro, e torna a subir. Embora pareça um pouco zonzo, não está favorecendo nenhum de seus membros. É a primeira vez que está a alguns metros do chão, a mais, e a longa queda deve ter sido um choque e tanto. Indo e vindo num galho, ele salta até uma árvore perto de nós; então se senta e começa a examinar tudo. Parece saber aonde quer ir, mas está relutante em saltar sobre galhos finos e frágeis para chegar até lá. O padrasto rapidamente salta até onde está o filhote perdido e lhe mostra uma rota segura até a caixa-ninho, e o filhote o segue.

— Excelente, excelente — diz Ben, sorrindo. — Lição número um na floresta: que seja capaz de encontrar o caminho de casa. Às vezes tínhamos um animal que ficava sentado o dia inteiro e era incapaz de descobrir o seu caminho.

De volta à caixa-ninho, o filhote estende a mão para o comedouro e enfia um pedaço de banana na boca até as bochechas inflarem. Um minuto depois, está segurando um pedaço de maçã nos dedos e mordiscando-o delicadamente.

— Em certo sentido — diz Ben —, esta reserva biológica é também um zoológico. Ela tem apenas cerca de 50 mil hectares. Tem portões com cadeados; tem terrenos desbravados para impedir a propagação de incêndios; a maior parte dela não é floresta, mas o que restou de velhas fazendas; tem algumas árvores frutíferas cultivadas; tem estradas; aviões voam no céu; trens passam por ela; existe uma represa num perímetro. Temos macacos com rádios; temos pessoas lá fora estudando pequenas populações de mamíferos à noite. Então não é realmente tão diferente assim de um zoológico, é? Cada vez mais, quando olhamos para parques nacionais e refúgios para a vida selvagem ao redor do mundo, estamos descobrindo que eles necessitam ser intensivamente administrados se quiserem sobreviver. O melhor que podemos fazer é salvar de 10% a 15% de um ecossistema para a posteridade.

— Isso resultou numa das mais divertidas ironias em minha vida profissional. Quando comecei a trabalhar em zoológicos, em 1970, havia uma certa arrogância entre as pessoas que estudavam animais na selva. Eles olhavam com desdém as pessoas que trabalhavam com animais nos zoológicos. Era menos real; era menos normal; era menos natural. E, de fato, é menos natural mesmo. Mas hoje, 20 anos depois, quando parques nacionais e reservas se tornaram refúgios fundamentais para populações selvagens, os administradores da vida selvagem estão encarando problemas que os zoológicos já haviam resolvido. Por exemplo: se você precisa mover um rinoceronte macho de uma reserva para outra, a fim de cruzar, porque ele não pode mais migrar normalmente, você irá a um zoológico e dirá: "Nunca transportei um rinoceronte antes. Como vocês fazem isso? Que tipo de caixote usam?" Naturalmente, com o tempo, todo mundo irá perceber que não é necessário mover um rinoceronte: basta mover seu sêmen. Mas, enquanto isso, os zoológicos já dominaram muitas técnicas de cruzamento e tratamento de animais selvagens.

Quando uma coruja sai voando, os micos automaticamente espremem uns aos outros contra uma árvore. Com predadores terrestres, eles agem diferente. Se uma cobra, uma jaguatirica, um rato de bambu ou cão selvagem aparecerem, eles os cercariam. Existe segurança no coletivo, como os cardumes de peixes e grupos de humanos que guerreiam sabem; as crianças, em outra escala, também aprendem a reconhecer animais perigosos.

— Quais são as chances para essa família de micos-leões-dourados? — pergunto.

— Ao longo dos anos, nós reintroduzimos 90 micos-leões-dourados. Trinta e cinco deles ainda sobrevivem na selva. Alguns têm de ser alimentados todo dia. Outros são inteiramente auto-suficientes. Os micos reintroduzidos deram à luz 45 filhotes vivos, dos quais 33 ainda estão vivos. E alguns deles também se reproduziram; portanto, temos uma segunda geração de animais. Para um programa de reintrodução, isso está quase na média. O recorde para o órix árabe, em Omã, ou o lobo vermelho, no Sudeste dos Estados Unidos, ou a águia e o falcão, é mais ou menos o mesmo. Mas o sucesso na conservação é um desejo póstumo, porque não estamos preocupados só com o que conquistarmos nesta década ou neste século. A conservação é realmente um conceito atemporal. Você conserva é para sempre. Você está conservando para que a evolução possa prosseguir naturalmente. Eu mesmo jamais saberei se o Projeto Mico-Leão-Dourado foi bem-sucedido. Só posso olhar os objetivos a curto prazo. Um objetivo é ter micos-leões-dourados reintroduzidos que sejam auto-suficientes por completo. Hoje temos diversos grupos desse tipo, e eu diria que eles são selvagens. Mas também estou feliz pelo mico-leão-dourado ter se tornado um poderoso símbolo no Brasil, não só pela preservação da floresta atlântica costeira, mas também pela vida selvagem do país em geral.

Ao cair da noite, a mãe retorna à família e, embora cansada, começa a se alimentar com eles. Aliviados, voltamos ao acampamento. No caminho para a fazenda, paramos para cumprimentar o administrador, que nos surpreende explicando que mudou de idéia quanto à localização dos micos. Agora ele preferiria que a caixa-ninho ficasse num morro diferente, do outro lado da propriedade. Cansados, Ben, Beate e Andréia tentam convencê-lo a deixar a próxima caixa-ninho ficar onde está, mas ele é irredutível, e não há muito que possam fazer. Não há nada no papel. O projeto confia unicamente na boa vontade dos donos de terras. Mas isso significará mudar a família mais uma vez, e, com mãe e filha brigando, a última coisa que queremos fazer é deslocá-las para outra vizinhança. Além disso, há o problema das abelhas africanas (assassinas), que já invadiram uma das caixas-ninhos da colina oposta. No ano passado, Andréia e os outros viram as abelhas picarem até a morte uma mãe e seus bebês. Quando o macho caiu no chão com 23 picadas de abelha, Andréia o agarrou, correu com ele de volta ao acampamento e lhe deu esteróides, o que o salvou.

— Vamos ver como estarão indo amanhã — diz Ben, enquanto voltamos sacolejando pela estrada enlameada, descemos alguns quilômetros pela rodovia e voltamos para o acampamento, onde encontramos os outros fazendo suas tarefas.

É rápida a adaptação às rotinas da vida em acampamentos. Como as toalhas nunca secam, peguei o hábito de, após lavar as mãos, enxugá-las no cabelo. As roupas só secam se penduradas na casa do gerador, mas aí ficam com um forte cheiro de fumaça de diesel, e, no meio da semana, também da carcaça de gambá, que alguém pendurou. Papel higiênico nunca é jogado na privada, mas numa cesta ao lado. Quando em patrulha, a melhor forma de lutar contra os mosquitos é cobrir cada centímetro da pele. Quando urinamos na floresta, é uma boa idéia abanar perto das nádegas com ambas as mãos para manter os mosquitos longe. Em dias de chuva, as estradas, lamacentas, ficam escorregadias como sabão, e é preciso sempre estar de prontidão para empurrar os carros para fora das valas. O suor aumenta demasiado na floresta, e é fácil ficar desidratado; por isso, sempre que passamos perto de uma árvore frutífera, paramos e pegamos mamão, jambo (uma frutinha vermelha com a consistência da pêra), maracujá ou coco.

Vestindo-me na varanda certa manhã, encontro pequenos "objetos não identificados" presos a minhas botas e percebo que inadvertidamente me tornei uma distribuidora de sementes da floresta. Alguns homens e mulheres da equipe de recuperação chegam com uma preguiça de três dedos que encontraram, e outros como filhotes de gambá. Logo que vão embora, um grande furão com uma divisa branca na testa corre pelo quintal, caçando um grande roedor e perturbando as galinhas.

— Pega o galo! — Joleen incentiva, e damos uma risada, porque o galo perturba o sono de todos nós.

Por fim, partindo, vamos primeiro até um morro onde vive uma família de micos-leões-dourados de Omaha. Eles não estão em sua caixa-ninho, onde deixamos bananas, maçãs e água fresca. Colocando fones de ouvido e estendendo uma grande antena, localizamo-los ao sul e vamos até lá. Primeiro os encontramos do outro lado de um riacho, num denso pântano de bambus e espinheiras. P. C., alto e de cabelos encaracolados, abre um caminho a facão pelo mato; então, os micos mudam de direção e fogem morro acima, até o topo. Para nós, a subida é íngreme e lamacenta, com cipós agarrando, árvores envoltas em espinhos, aranhas enormes e insetos que picam. Precisamos nos orientar rápido enquanto corremos de galho em galho, adivinhando quais irão suportar nosso peso e quais nos farão cair nos espinhos. Existe algo de maravilhoso em ser forçado a pular por entre as árvores, algo de emocionante em subir e saltar no nível do chão, pois sei o que os micos estão fazendo no teto. Cair é também motivo de medo para nós numa encosta tão inclinada, e cada apoio de mão pode ocultar uma formiga-de-fogo, aranha venenosa ou moita de espinhos. Mergulhar em três dimensões não é fácil, e todos nós acabamos escorregando, deslizando, analisando, forçando os músculos, conseguindo pequenos arranhões e escoriações. Duas horas depois, finalmente vemos os micos, que estão comendo bananas quietinhos numa árvore baixa. Fazendo algumas anotações, voltamos exaustos para a estrada principal. Ali, paramos para comprar sanduíches, bananas e biscoitos, que embrulhamos para o almoço, e aproveito a oportunidade para estudar uma aglomeração de insetos da floresta tropical (um dos motivos pelos quais o chão não é um terreno seguro para os micos).

No clássico *Tropical Nature,* de Adrian Forsyth e Ken Miyata, eles sugerem que "não bata em retirada envergonhado" após fazer suas necessidades, "mas sente-se em silêncio próximo ao local" e veja o que acontece com o estrume, porque isso lhe ensinará muito sobre como funciona a floresta tropical. Primeiro vão aparecer os escaravelhos, depois moscas para a disputa pela alimentação. Podem aparecer até 50 espécies de besouros de estrume antes de o espetáculo acabar. Em parte, eles explicam, isso ocorre porque nosso estrume é rico em proteínas, ao passo que o carnívoro normal que os insetos de estrume encontram "consiste basicamente em ossos, penas e pêlos, oferecendo pouca recompensa aos diligentes besouros. Fezes de pássaros, com suas altas concentrações de ácido úrico, são saboreadas apenas por algumas formigas e borboletas". Naturalmente, frutas podres também podem servir muito bem em tal experiência.

Depois de descansarmos, dirigimos até outra fazenda para encontrar Marty e a família de Los Angeles. Tornando a subir em meio à densa folhagem, vemos Marty acima de nossas cabeças, brincando com dois bebês marrons. Caindo por cima dele, agarrando-se às suas costas, balbuciando, os filhotes parecem estar se divertindo, e Marty parece estar gostando de seu novo papel como pai de família. Uma fêmea mais velha senta-se num galho próximo, vasculhando cada pedaço de uma folha de palmeira. Ela pula numa árvore quebrada e inspeciona seus recantos. Uma das crianças a acompanha. Estendendo o braço até o ombro dentro do oco de um galho, agarra alguma coisa e a arrasta até a sua abertura. O filhote sai correndo, e ela imediatamente abre a mão. O filhote estende ambas as mãos e com muito esforço puxa um grilo quase de seu tamanho. Ela deve estar com fome, mas fica sentada em silêncio — quase a encarnação do altruísmo — enquanto seu irmão caçula devora o grilo inteiro, mastigando a casca de forma barulhenta. Então ela salta para outro galho, e o irmão caçula vai atrás, montando em suas costas, enquanto ela se junta a Marty e os gêmeos. A fêmea enterra a cabeça no peito de Marty, pedindo-lhe que a penteie, e ele o faz. Ela fareja o rosto dele, esfrega-se contra seu corpo, faz ruídos suaves, alegres, quase musicais. Por uma hora, ficamos sentados satisfeitos, observando uma cena atrás da outra, enquanto eles inconscientemente fazem todas as encenações de uma família feliz, brincando, comendo e explorando o mundo juntos. Por fim, arrumamos nossos pertences e vamos embora.

De volta à van, encontramos Andréia e os dois homens da equipe de recuperação nos esperando com notícias nada boas. Os planos para a família de Columbia falharam. Jenny mordeu Maria violentamente no pescoço e expulsou-a da caixa-ninho, restaurando assim sua autoridade e exigindo o macho para si. Quando Maria correu para o topo de um morro, a família não só a expulsou, como também começou a partir sem ela. Então, a equipe de recuperação capturou a filha e a trouxe para nós.

O que fazer? Ben coça a testa com força, como se pudesse apagar o que acabara de ouvir. Estávamos todos esperando que as fêmeas de Columbia parassem de brigar, fizessem as pazes e continuassem com seu planejamento familiar.

— Bem — diz ele —, valeu a tentativa. Agora, o que vamos fazer com a filha?

Transferindo Maria para nossa van, voltamos para o acampamento. Como ela parece assustada, sentada em um canto da jaula, fazendo de vez em quando um longo chamado, ao qual nenhum outro mico responde. Esta foi uma perturbadora semana de muitas viagens para ela, e não temos certeza de como será seu futuro. No momento, não há nenhuma família precisando de uma nova mãe. Será que ela deveria ser enviada para o zoológico do Rio de Janeiro ou mantida solitária no acampamento caso haja um espaço para ela em alguma família? Nenhuma das opções parece boa.

No acampamento, limpamos a velha jaula do Brookfield Zoo e colocamos Maria sozinha nela. Somos um grupo triste, parado na chuva, imaginando o que fazer por ela. Um a um, retornamos devagar à casa principal para tomar banho e nos preparar para o jantar. Uma hora depois, o representante de um órgão de proteção ambiental brasileiro chega com um MLD de uma cidade próxima. O animal fora roubado aos dois meses de idade e era mantido numa pequena jaula na casa de alguém havia dois anos. Informado por uma fonte segura, o representante foi direto lá e confiscou o mico.

Ben joga as mãos para o céu e agradece a Deus em português. Ziggy é um macho na idade de reprodução: perfeito para Maria. Nossas preces foram atendidas. Processamos Ziggy na hora. Ele está gordo por ter sido um bichinho de estimação por tanto tempo, e suas reações são as de um bebê. Infelizmente, não teve o exemplo de adultos para imitar. Mas parece suficientemente saudável. Por causa de Ziggy, o humor do acampamento melhorou na mesma hora. Na varanda, Beate faz dois cortes de cabelo à moda brasileira. Fernando mostra *slides* de suas viagens a vários parques nacionais brasileiros. Joleen flerta pra valer com Luís, Zique e P. C. Numa pia grande, Howie tira a terra de suas roupas com uma escova de pêlo duro e uma barra de sabão. Alfie atravessa a varanda estalando os dedos de forma ritmada. Ben esfrega as costas numa quina da casa para coçá-las, como um cavalo, com um enorme sorriso de alegria no rosto.

Pela manhã, o galo canta 34 vezes seguidas, faz uma pausa, limpa o gogó e continua a cantar. Na escuridão profunda, estendo uma perna para fora da cama, afundo lentamente e fico aliviada por sentir uma cadeira embaixo. Como uma toupeira, conheço sem enxergar o caminho até a cozinha, onde uma vela já está jogando sombras entre os potes e panelas pendurados nas paredes. Alfie, o mestre do cafezinho, já colocou a água para ferver; Ben está pegando nossas latas de leite em pó e chocolate. — Bom-dia — saudamos, grogues, um ao outro. Ao som da porta de tela se abrindo, viramo-nos e vemos Fernando em pé à porta, mas sem entrar no aposento. Seu rosto parece preocupado.

— Seu país está em guerra — informa ele, tenso.

Com essa notícia, os eventos da manhã passam rápido: contar aos outros, pedir emprestado um rádio de ondas curtas, aglomerar-se ao redor dele e escutar a "Voz da América". Parece impossível que estejamos nos confins da Terra e mesmo assim recebendo notícias de uma guerra a apenas 30 minutos de deflagrada. Todos nos sentimos principalmente chocados, indefesos e preocupados com nossas famílias. Embora nossa adrenalina esteja incontrolável, não há onde concentrá-la. Os brasileiros são simpáticos, preocupados ao mesmo tempo com a Guerra do Golfo propriamente dita e com a própria economia, que é terrivelmente instável. E o que acontecerá com as últimas famílias de micos-leões-dourados? Se há um sentimento que todos compartilhamos é aquele que Zique expressa quando sentencia: "O mundo inteiro está maluco."

O trabalho no acampamento ainda precisa ser feito. Está na hora de colocar Ziggy com Maria, e o levamos até a jaula dela. Embora ele tenha dois anos de idade e portanto devesse ser sexualmente maduro, nunca viu outros micos-leões-dourados antes. Correndo até o chão da jaula, ele se arrasta sobre o fio e guincha como um bebê. Maria põe a cabeça para fora de sua caixa-ninho e olha esse novo adolescente, mas não parece interessada. Ziggy brinca com seu colar-rádio, finalmente dobrando a antena pela metade. Fala como um bebê, tropeça nos galhos e se arrasta pelo chão. Maria torna a estudá-lo, com mais intensidade desta vez, e então o ignora. Ele não parece um macho adulto, nem se move como um deles, e é gordo. De algum modo está dando a ela todas as pistas erradas, e ela talvez possa estar vislumbrando nele o equivalente *nerd* de um mico.

— Puxa vida! — Beate suspira. Quando não é uma coisa, é outra. — Criamos muitas expectativas em torno dela.

— Ora, ainda não acabou — retrucou Ben. — Talvez ele a observe por algum tempo, e ela o observa por algum tempo... talvez... talvez... — Sua voz vai sumindo.

Alguns dos homens partem em suas rondas matinais, enquanto nós, americanos, aglomeramo-nos na varanda, ao redor do rádio de ondas curtas. Enquanto escutamos as notícias sobre a guerra, Howie anda de um lado para o outro, e Ben varre obsessivamente a varanda. Estamos todos vestindo roupas de guerra — calças camufladas, botas de deserto, camisas cáqui —, que parecem bastante apropriadas. Numa frase lamentamos o comportamento de Ziggy; na seguinte, o de Saddam Hussein. Eles se interligam sem esforço. Viver é lutar. A vida inclui tudo isso: a preservação de primatas inferiores que não conseguem ajudar a si mesmos e os atos monstruosos de superiores que estão igualmente, mas de modo diferente, fora de controle. O mundo está maluco. A chuva começa a cair com pingos grossos, com um tremor em câmera lenta e o menor dos ruídos. Numa tempestade dessas, pode-se ficar encharcado caminhando poucos metros. "Como Ziggy e Maria estarão?", perguntamo-nos. Os micos-leões-dourados podem viver na floresta tropical, mas a chuva pesada os perturba. Vestimos os nossos ponchos e vamos até a jaula deles.

A princípio, um deles parece estar faltando. Será que alguma coisa aconteceu com Ziggy? Talvez Maria esteja brincando de esconder na caixa-ninho. Então Ben começa a sorrir. Não é um mico que estamos vendo, mas dois. Ziggy e Maria estão encolhidos juntos num galho, abraçando um ao outro com força. O medo da tempestade, ou o frio, os colocou nos braços um do outro. Ao cair da noite, quando tornamos a verificar, eles desapareceram dentro da caixa-ninho.

— Outra história de sucesso — diz Ben, como se tivesse sido o processo mais simples e tranqüilo da Terra.

Alfie, Howie, Ben, Beate e eu vamos partir amanhã, mas Joleen decidiu ficar no acampamento mais uma semana; comprou um fio-dental, tipo de biquíni popular nas praias do Rio de Janeiro, e os brasileiros concordaram em lhe ensinar a dançar lambada. Para Andréia, Fernando, Luís e o resto da equipe de reintrodução, o trabalho irá continuar com toda a sua costumeira animação — os fazendeiros, os ataques das abelhas africanas, os ladrões de animais, os dramas com brigas, tréguas e dificuldades tais quais acontecem nas telenovelas — apesar dos acontecimentos no mundo. O que acontecerá com a família de Columbia? Com Ziggy e Maria? Com Marty e as crianças? Será que encontrarão comida e água suficientes? Será que aprenderão a sobreviver em sua estranha terra nova, cheia de árvores selvagens e nutrientes? É como Charles Darwin declarou uma vez a respeito dessa região: "A terra é uma grande, selvagem e bagunçada estufa, feita pela Natureza para si mesma." A selva é eterna, e a luta dos micos-leões-dourados cada vez mais urgente. Logo os jornais são postos de lado, e os rádios desligados. Grandes braços de água abraçam as colinas. Apesar da tempestade, a floresta parece quase silenciosa. Todos os micos estarão em seus ninhos, grudados calmamente uns nos outros. Não há sons de pássaros, mamíferos nem trovões; apenas o som ocasional das folhas. Quando a chuva cai na Mata Atlântica, põe um cobertor de silêncio sobre tudo.

O PALÁCIO DE INVERNO DAS MONARCAS

Quando eu era pequena, crescendo numa cidadezinha rural no coração dos Estados Unidos, costumava perseguir borboletas monarcas por quintais e jardins. Como a maioria das crianças, eu as achava mágicas e de outro mundo, um pedaço do sol rolando pela grama. Sabia da existência de aviões e pássaros — faziam barulhos e fugiam repentinamente no céu. E em minha tolice eu achava que insetos voadores só traziam ameaças. Mas havia algo de especial nas borboletas: eram seguras, limpas, coloridas como embrulhos de Natal. Eram delicadas, silenciosas e até mesmo um pouco acrobáticas em seus movimentos sobre as flores. Batendo loucamente as asas — mas se movendo de forma vagarosa — de botão em botão, elas pareciam como às vezes meu coração se sente. À medida que eu ia crescendo, descobri que isso era verdade para a maioria das crianças. Se a monarca não era um símbolo nacional como a águia de cabeça branca, mesmo assim era um símbolo poderoso. Incorporando a natureza do que ela tem de mais benigno, ela nos lembra da pompa e da ingenuidade da infância.

Anos mais tarde, aprendi sobre as extraordinárias migrações das monarcas e sobre o fato de que os locais onde elas passavam os invernos estavam desaparecendo devido a empresas, rodovias e projetos habitacionais. O mundo seria um lugar mais pobre sem borboletas. Então juntei forças com Chris Nagano, do Projeto Monarca, do Museu de Los Angeles, para ajudar a convencer o governo da Califórnia a aprovar uma lei que protegesse as monarcas. Em 1987, ela foi aprovada. Existem muitas outras histórias de preservação bem-sucedidas — problemas mais difíceis de resolver, animais maiores a proteger, obstáculos mais complexos de remover do que a ignorância e a ganância. Entretanto, fico mais tranqüila ao saber que um animal pequeno, cuja "utilidade" talvez seja difícil de provar, possa ser salvo por meio dos esforços obstinados de algumas pessoas.

Natal no Sul da Califórnia. Num bosque de eucaliptos perto de Santa Bárbara, as folhas azuladas têm um brilho esbranquiçado, semelhante ao talco, que não é neve, e as árvores gigantescas estão cheias de fios de luzes brilhantes. Guirlandas compridas e grossas, amarelo-laranja, balançam entre os galhos. Uma brisa costeira quente sopra com força e, de repente, as luzes se espalham, explodindo no céu como brasas caídas. Fogo das árvores? Quando elas tornam a surgir, minha boca se abre numa surpresa silenciosa. Borboletas! Milhares e milhares de borboletas.

Algumas das monarcas se reagrupam em árvores, uma Canaã que viajaram distâncias assustadoras para encontrar. Outras flutuam para o campo aberto ao lado do oceano, bebericam orvalho da relva com as probóscides ocas que se desenrolam de suas bocas como línguas-de-sogra ou bebem néctar das suaves flores amarelas de eucalipto. Mancham o campo de laranja e, quando caminhamos por ele, levantam vôo ao nosso redor como uma nuvem de moedas brilhantes. Só falta Bambi nesta fantasia de asas murmurantes e calma de outro mundo. Árvores, campo e céu estão encharcados de borboletas. Como elas chegaram lá?

Cem milhões de monarcas migram todos os anos. Planando, batendo asas, pegando carona em correntes térmicas como qualquer falcão ou águia, chegam a voar até 6.500km e a uma altura de 600m, rivalizando com as grandes migrações de animais da África, os bandos de pássaros que cruzam a América do Norte. Ocasionalmente, uma é seqüestrada pelas correntes provocadas pelos aviões e acaba nas Ilhas Maurício ou na Inglaterra. Elas só precisam de água e néctar para sobreviver, mas são sensíveis ao frio e precisam passar o inverno em algum lugar quente; caso contrário, morrem. Por isso, no outono, as que se encontram a oeste das Montanhas Rochosas voam para a costa da Califórnia, a fim de se agrupar em bosques selecionados de eucaliptos e pinhos, ao passo que as monarcas orientais migram para o México. As rotas não são aprendidas — é a mais pura genética. As borboletas que deixam o bosque esta primavera estão distantes quatro ou cinco gerações das que estiveram aqui no ano passado. Elas tendem a escolher os mesmo locais, às vezes não muito apropriados, grande parte dos quais está desaparecendo. É por isso que a União Internacional pela Conservação da Natureza listou as migrações das monarcas como o único "fenômeno ameaçado de extinção" no mundo.

Cada refúgio na Califórnia é diferente, mas juntos eles formam um único arquipélago de refúgios, um único endereço de inverno. Refúgios são a paisagem construída do jardim de uma casa de praia abandonada de Santa Bárbara, estipulada em US$ 3,5 milhões, sacudida regularmente pela linha de trem próxima; um acampamento em Big Sur, sob o olhar de javalis, coiotes, falcões de cauda vermelha, baleias e crianças de olhos arregalados; os fundos de um motel em Pacific Grove, onde cada porta é decorada com uma enorme borboleta de madeira; outro está exatamente na rodovia em Pismo Beach, com um guarda-florestal que dá palestras sobre borboletas, e em um quiosque com informações e panfletos sobre as espécies; no jardim de uma casa estilo *hacienda* de estuque branco em Hope Ranch, cujo dono, que gosta de monarcas, dá um enorme sorriso quando elas chegam, como se fossem uma visita de anjos alaranjados; num afloramento de rocha selvagem e varrido pelos ventos em Morro Bay, onde nenhuma borboleta com um mínimo de amor-próprio deveria ser capaz de sobreviver; outro fica enfiado atrás de uma ponte estilo Zen perto de uma pequena queda-d'água na propriedade muito bem cuidada do Instituto Esalen, onde as pessoas vão para encontrar paz interior, autoconsciência e experiências como a *gestalt* do canto, mas nenhuma comunhão com as borboletas, nenhum mapeamento das auras das monarcas; e a algumas milhas do Castelo Hearst, bem ao lado da loja mais antiga da Costa Central, onde o tráfego passa disparado enquanto, bem no alto dos eucaliptos, as borboletas se reúnem, felizes, em seu abrigo de inverno.

Quando John Steinbeck escreveu, em *A Rua das Ilusões Perdidas*, sobre as nuvens de borboletas que se embriagam com as flores do eucalipto, estava pensando nos refúgios ao longo da Península de Monterey, a maioria dos quais ainda está lá. No Parque Natural Bridges, em Santa Cruz, os guardas florestais construíram uma plataforma de cedro da qual podem ser vistas as borboletas, e a cada outubro há um festival, com direito a bolo e balões, e um concerto com a "5 M Band" ("Mariposas Monarcas Musicais Muito Medíocres"). No Dia da Monarca, o prefeito recebe oficialmente as borboletas em Santa Cruz, poetas locais lêem suas obras, e uma pessoa apelidada de "Homem-Monarca", vestida de laranja e preto, e usando antenas, desce por um cabo numa árvore para a multidão de espectadores. Ele atravessa um arco de papel e distribui balas pretas e laranja. Quando as monarcas chegam, os guardas florestais alçam uma bandeira-monarca em seu mastro-monarca, e ela fica ali por seis meses, até a partida da última monarca preta. É um festival jubilante como os que nossos ancestrais encenavam para a primavera ou a volta do antílope. Num outono típico, 60 mil visitantes vão para o refúgio do Parque Natural Bridges. Houve um dia em dezembro que, embora chovesse fortemente, cerca de 40 mil borboletas estavam penduradas em cachos nas árvores, e os visitantes não paravam de chegar para ver e se maravilhar.

Pacific Grove orgulha-se de ostentar dois pontos de refúgio e chega até mesmo a se intitular Cidade das Borboletas, USA. Muitas de suas empresas utilizam a palavra "monarca" em seus nomes, e todo ano é realizada uma parada com crianças vestidas com roupas de borboleta. A cidade leva a sério seus visitantes alados, que já trouxeram muitos turistas com binóculos a tiracolo. Existe uma multa de 500 dólares por "molestar de qualquer forma uma borboleta". No Butterfly Grove Inn, atrás do qual fica um dos seus principais pontos de refúgio, uma placa ameaça molestadores de borboleta com uma multa de 1.500 dólares. Isso não é oficial — na Califórnia, uma multa nesse valor se aplica a um crime de roubo, e ir para a cadeia por molestar borboletas seria raro, imagino —, mas a de 500 dólares é legítima. Também existem placas alertando as pessoas próximas às borboletas para sussurrar, não assustá-las nem gritar com elas. Borboletas não ouvem o som, como os vertebrados, mas sentem vibrações. Existem refúgios salutares sob o caminho próximo à chegada ao Aeroporto de Santa Bárbara, ao lado de uma auto-estrada barulhenta, perto dos trilhos de uma ferrovia, no forte ruído do marulhar das ondas de Big Sur. Mas, em Pacific Grove, a palavra ao redor de aglomerações de monarcas é o silêncio.

Muitos refúgios desapareceram para dar lugar a condomínios, parques industriais, plantações de abacate, haras, campos de golfe, parques de estacionamento de trêileres e outros sinais do progresso. Nos últimos anos, sete refúgios foram eliminados, quatro deles ao redor de Santa Bárbara. Butterfly Lane, em Santa Bárbara, próximo a Butterfly Beach, um dia vangloriou-se de ter o refúgio mais famoso da América, mas atualmente existem casas caríssimas, e "asa" significa agora apenas um conjunto adicional de quartos.

Em defesa das borboletas, o Projeto Monarca foi fundado com financiamento privado. Suas várias dezenas de voluntários passam o inverno visitando os refúgios. Marcam milhares de borboletas para pesquisar a velocidade e a distância em que voam (algumas viajam até 130km por dia), em que outros lugares elas se juntam para se refugiar e como suas populações podem estar mudando. Em novembro de 1986, o projeto efetuou um levantamento e estabeleceu um recorde mundial, marcando 5.874 borboletas em um só dia. Um retorno de 10% é ótimo; o projeto confia em pessoas para encontrar monarcas em seus quintais e campos, e retorná-las ao Museu de História Natural, em Los Angeles, conforme pedido nas minúsculas marcas brancas que as borboletas usam em suas asas com insígnias de graduação.

Durante toda a semana, acompanhei Chris Nagano em suas visitas de inverno. Entomólogo-chefe do Projeto Monarca, Chris é um jovem magro e bigodudo com uma intensa capacidade de se maravilhar. Ele me leva ao refúgio de Ellwood, em Santa Bárbara, onde as monarcas vêm sendo monitoradas há 30 anos. Uma nuvem de borboletas voa baixo pela ravina e sobre um banco atulhado com a casca leprosa do eucalipto, que se desintegra das árvores e cai no chão como rolos infinitos de papiro. Existem poucos insetos rastejantes; o óleo do eucalipto os mantém a distância. Uma perereca inicia um longo coaxar que tem o som de alguém abrindo um cofre. Uma artilharia de sementes de eucalipto se desprende, e seus cones duros e pontudos caem no pó macio fazendo um barulhinho incessante. Madeiras rangendo fazem pensar em alguém abrindo e fechando constantemente uma porta. O cheiro pungente do eucalipto me enche de memórias de pomada de mentol e resfriados da infância.

Precisamos marcar pelo menos 200 borboletas em cada local para que nossos dados sejam estatisticamente úteis, e por isso Chris pega um mastro especialmente feito para isso, com uma rede comprida numa extremidade, e a estende até o alto de uma árvore, pegando cerca de 75 borboletas com sua boca em forma de cornucópia. Batendo as asas loucamente na rede, fazem um som de chuvisco caindo em folhas secas. Chris coloca suavemente sua jaqueta verde do Exército sobre elas, "para que não fiquem agitadas", e nos sentamos à luz do sol, no que poderia ser uma floresta indonésia, e começamos a erguer as borboletas da rede, uma a uma.

Marcar as borboletas é uma arte. Primeiro é preciso segurar seu corpo suave e trêmulo na mão esquerda, com diligência, embora possa senti-la estremecendo suavemente. Com a mão direita separam-se as asas da frente e de trás como se estivéssemos jogando cartas e deslizássemos uma para trás da outra. Em seguida, vai-se esfregando uma pequena oval de escamas coloridas com o polegar e o indicador, até o claro celofane da asa aparecer. Geralmente se ensina às crianças a velha história da carochinha, na qual ao se tocar a asa de uma borboleta retira-se seu "pó de voar", e assim ela fica no chão para sempre. Mas as escamas microscópicas estão mortas, como unhas ou cabelos. Marcar não machuca as monarcas, nem segurá-las com cuidado. Pela janela límpida na asa pressiona-se metade da marca autocolante, dobra-se então a outra metade sobre o topo da asa e pressiona-se com firmeza. Em seguida, com as duas mãos, abrem-se as asas da borboleta para se verificar seu sexo. Os machos possuem dois pontos pretos na parte inferior das asas e bolsinhas de cheiro pretas (o cheiro é provavelmente para alertar outros machos em vez de atrair as fêmeas). As fêmeas não possuem tais bolsinhas, mas possuem veias pretas mais espessas para conduzir o calor para o corpo. Numa planilha pré-numerada, registra-se se o animal é macho ou fêmea e indica-se sua condição: *1* significa perfeito, *3*, machucado e depauperado. Um espécime intacto terá um brilho azul reluzente e vibrante, asas aveludadas laranja-escuras e amarelo-claras, em que ilhas berrantes de cor flutuam, umas borradas, outras bem-definidas; uma borda branda de babados ao redor do fundo de cada asa; e um corpo coberto por um pêlo espesso, da cor do pêlo de um zorrilho.

Se for fêmea, verifique se está grávida levantando seu abdômen macio e sentindo entre o polegar e o indicador. O esperma que um macho introduz numa fêmea é espesso, composto de proteína e vitaminas, e tem a dureza de uma bolinha de metal. Anoto "F2V", que significa que acabei de marcar uma fêmea virgem em condição mediana; outros números indicam o local da captura. Faz muito frio no Sul da Califórnia no inverno, e as monarcas não podem voar muito se a temperatura estiver abaixo de 12° centígrados. Elas preferem se aglomerar para permanecer aquecidas a estremecer, do jeito que outros animais fazem, mas tremerão se tiverem que tremer. Uma fica estremecendo num tronco. Chris a levanta, coloca-a como um biscoito dourado esvoaçando em sua boca aberta, exalando ar quente sobre seus músculos. Suas quatro minúsculas patas pretas se flexionam, e quando ele a atira no ar ela voa ansiosa de volta a seu aglomerado no alto da árvore. Quando ela se aproxima, todas as outras borboletas batem as asas para avisá-la que não as cubra. Precisam do sol. Ela plana e então encontra um ponto livre mais embaixo, agarrando-se com suas pegajosas patas de duas garras. Todas as quatro patas têm a forma de ganchos como a garatéia de um estivador. Levante uma pata, e as outras três irão se agarrar com mais força.

Sobre a colina aparece um grupo de adolescentes de Bishop, a cerca de seis horas de carro. Eles estão numa viagem de pesquisa biológica de campo para estudar as criaturas das preamares, bem como as borboletas monarcas. Chris improvisa uma palestra sobre o ciclo de vida delas, enfatizando que a lagarta de listras pretas e brancas da qual a borboleta adulta emergirá só se alimenta de asclépias, que contêm um veneno — preferido pelos assassinos na Roma Antiga — que paralisa o coração. Por sua vez, o corpo da borboleta carregará veneno suficiente para adoecer um pássaro faminto. Ele lhes mostra uma borboleta com um pedacinho de asa faltando no formato de um bico; a borboleta ainda pode voar, e o pássaro terá aprendido a não atacar outras dessa cor e padrão. De fato, a borboleta vice-rei, embora não seja venenosa para pássaros, imita a cor da monarca como que num passe de mágica defensiva.

Dois rapazes passam uma bola de futebol americano um para o outro, mas a maioria dos estudantes está prestando atenção. Chris pede que tentem ajudar na marcação.

— Ai, ela é tão mole! — diz uma garota, dando um gritinho ao levantar uma borboleta. Em vez de esfregar com seus dedos, puxa as unhas vermelhas compridas pelas escamas, o que não torna o trabalho mais fácil. Quando a borboleta esperneia suas finíssimas patas, ela torna a dar um gritinho, mas não a solta. — Elas mordem?

Chris explica que não, pois são completamente inofensivas, não caçam nada e, mesmo assim, não machucam ninguém, mas são "bichinhos duros de roer".

Ela esfrega uma janela perfeita em sua asa, cola a primeira metade da etiqueta e então dobra a outra metade. — A antena ficou presa debaixo da etiqueta! — Chris a liberta e checa o sexo. Fêmea.

— Número 478 é uma fêmea. — Ele anota no caderninho.

Sorrindo, a garota a atira bem alto no ar como um piloto de caças lançado pelo ejetor de seu assento.

As turmas parecem seduzidas por Chris enquanto ele faz a marcação. Pode levar muito tempo deixar que toda uma turma segure as borboletas, mas um dia, quando uma questão ambiental surgir, eles se lembrarão. É difícil aprender sobre animais se você só os vê mortos em bandejas de dissecação.

Em Pismo Beach, subindo a costa, um guarda florestal aparece com uma turma pré-escolar numa excursão para ver as borboletas. É um dia brilhante e ensolarado, e as borboletas estão ocupadas cumprindo suas tarefas. Umas abrem as asas em arco como coletores solares e ficam bem debaixo do sol. Outras se juntam em aglomerados no alto das árvores. Outras sugam orvalho da relva (embora precisem tomar cuidado com as vespas em patrulha sob as árvores, procurando por monarcas machucadas para matá-las e comê-las). Outras coletam néctar entre as flores selvagens. As monarcas não saem muito para fazer a corte. O macho pega a fêmea no ar, joga-a no chão e a ela se une. Então, ainda unidos, saem voando, com ela pendurada embaixo, asas fechadas, como se fosse uma bolsinha carregada por ele ou ele estivesse devolvendo um lencinho que alguém deixou cair.

Sentados no cheiroso chão do bosque de eucaliptos, onde os insetos são poucos e o chão está coberto com a suculenta planta de neve sul-africana (uma das poucas que consegue suportar os pesados óleos do eucalipto), acomodamo-nos para um trabalho sério de marcação. Dou um toque de vida em cada uma, para aquecer seus músculos, antes de jogá-la de volta ao céu como um sólido pedaço de confete. Às vezes, seus rostos estão sujos com grãos amarelos de pólen. Todas diferem em forma, coloração e personalidade. Embora muitas borboletas vivam somente um dia, as monarcas fora do inverno vivem de seis a nove meses. Após marcar as primeiras cem, as pontas de meus dedos estão pintadas do amarelo-alaranjado das escamas.

Em minha última noite na Califórnia, depois de uma semana marcando milhares de monarcas, paro de escovar os dentes quando ouço uma comoção no meu quarto de motel. Há uma lareira em meu quarto no Butterfly Grove Inn, e uma monarca extraviada parece que desceu pelo cano da chaminé. Em pânico, ela sai voando pelo teto. Abro a porta que dá para a varanda. Por fim ela se acomoda no anteparo da lâmpada aquecida, e seguro-a pelas asas e levo-a para fora, na esperança de que encontre o caminho de volta no escuro. Na manhã seguinte acordo com tamanhos guinchos e arranhões, que pulo da cama e corro para a varanda. Um gaio azul, caminhando zangado no corrimão, guincha ao inclinar a cabeça na direção do chão. Ali está uma monarca, tremendo e estonteada, com uma mordida em forma de bico numa das asas. Como não estou consciente o bastante para agir com mais sensatez, fecho o punho e vou na direção do gaio azul para lhe dar um soco no peito. Mas antes que minha mão possa tocar suas penas ele desaparece. Delicadamente apanho a monarca e lhe verifico a asa. Não chega a ser um machucado feio; ela pode voar. Abro as asas para ver melhor. É uma fêmea. Não está grávida. Não tenho etiquetas comigo, senão a marcaria. Em vez disso, caminho pelo jardim com ela, para onde milhares delas estão aglomeradas no alto das árvores; sopro ar quente sobre seus músculos e jogo-a para o alto. Depois de cair em queda livre na primeira tentativa, ela descobre que pode voar e vai ao encontro dos membros de seu clã, alguns dos quais estão planando pelo céu.

É fácil ficar hipnotizado observando as monarcas voando no alto, com o sol brilhando por entre suas asas, como se elas fossem pequenos quartos nos quais a luz fora acesa. Um aglomerado estremece num galho; então, numa explosão silenciosa, elas espocam no ar e descem direto até um pinheiro de Natal, sob o sol, perto da estrada. Sentada nas pontas dos galhos com suas asas bem abertas, elas poderiam ser ornamentos alaranjados e dourados. São silenciosas, lindas, frágeis; inofensivas e limpas; determinadas; graciosas; não caçam nada; são químicas engenhosas; um símbolo da inocência; a primeira borboleta que aprendemos a chamar pelo nome. Como a imaginação, elas dardejam de um ponto iluminado de sol a outro. Para os mexicanos, que as chamam de *las palomas*, são as almas de crianças que morreram no ano anterior, voando para o paraíso.

PAIXÃO POR INSETOS

"Mas deixa-me fazer voar este besouro de asas douradas,
Este filho pintado de terra, que fede e ferroa;
cujo zumbido aos sábios e belos tormenta,
mas que a sabedoria nunca prova e a beleza nunca desfruta."

— Alexander Pope

Existem apenas duas estações em Ithaca, e ambas são úmidas: a úmida quente e a úmida fria. Em agosto — parte da estação úmida quente — lagartas sugam a vida das folhas das rosas, formigas pré-nupciais criam asas e voam para o ar, exércitos de bichos-de-conta parecidos com tanques se derramam por todo o pátio, mariposas esfingídeas hipodérmicas sugam o néctar de plantas polemoniáceas, borboletas monarcas, acasalando-se em pleno ar, parecem com um truque em que as cartas são usadas de uma forma mágica, invisível, e incontáveis outros insetos fervilham em, sob, sobre e através da grama, invadindo o perímetro da casa ou patrulhando o céu.

Numa noite assim tão quente e fumegante, decido me juntar a um amigo entomólogo, Thomas Eisner, em seu laboratório na Cornell University. Algumas pessoas viajam até os confins da Terra para descobrir regiões exóticas, sempre afastadas, que tanto acrescentam à cartografia da vida terrestre, mas do que sempre gostei em Tom é que ele traz o exótico para sua vida cotidiana. Ele pode encontrá-lo na soleira da porta, num campo de golfe, num terreno abandonado, embaixo de um prédio em ruínas ou ao longo de um corredor com ar condicionado. Abençoado com uma curiosidade flexível que se estica, muda de forma e volta a se acomodar como um elástico grosso, ele é — no melhor dos sentidos — distraído. Não é incomum ouvir dizer que ele está fora num campo maltratado porque algum animal fascinante atraiu sua atenção.

Às vezes, ele pode ser ingênuo quanto ao seu dom para "descobrir coisas" (ao longo dos anos, seu trabalho tem sido apresentado na capa da revista *Science* mais do que o de qualquer outra pessoa), mas também pode ser modesto, de uma forma que beira o masoquismo, apresentando-se como apenas um participante no grande teatro da vida. Ainda assim, por proclamação mundial, ele é "o pai da ecologia química", um campo de estudo dedicado às relações químicas entre todas as coisas vivas. Ele não só vê a floresta pelas árvores, mas sabe quantos insetos também vêem essa floresta e como as árvores, olhando melhor, flertam e seduzem os insetos em ligações engenhosas. Ele sabe como os insetos se comunicam uns com os outros por intermédio das cartas de chamado químicas que chamamos de feromônios. Temos uma dívida para com ele por muito de nossa compreensão das defesas e dos rituais de acasalamento dos insetos. Ele e seu parceiro de pesquisa, o químico Jerrold Meinwald, também fizeram muitas descobertas práticas — incluindo drogas nervosas em miriápodes, repelente de baratas numa planta de menta ameaçada de extinção, drogas cardíacas em vaga-lumes, além da definição de como trabalha a perigosa "cantárida" afrodisíaca.

No 4º andar de Mudd Hall, um grande prédio de tijolos no meio do *campus*, está localizado o laboratório de Eisner. Entro no gabinete de sua secretária, sobre cuja porta está pendurada uma placa de vidro: "Salão de Beleza de Cornell", instalada de tal modo que só pode ser acesa por um apito para cães. Então passo e viro à esquerda, para seu escritório particular, sobre o qual um sinal impresso diz: "Pode entrar; estamos fechados". Na sua mesa estão muitas fotos emolduradas de sua esposa de mais de 40 anos, Maria (também entomóloga), suas três filhas e seus seis netos. Na parede, no nível dos olhos, uma placa de sua filha artista o credita como sendo um "Especialista em Reforma de Destino de Bioastrologia", que, ela pensou, soava mais parecido com seu pai do que "entomólogo". As paredes são um mosaico de impressionantes fotografias de 0,5m x 0,5m que tirou com o auxílio de um microscópio. No início elas parecem desenhos abstratos, coloridos e complexos, mas cada uma mostra um inseto captado durante algum comportamento extraordinário. Existe uma aranha boleadeira, por exemplo, segurando o que parece um ioiô no final de um fio de seda. A aranha lança a bola, como um laço de caubói, e o atira para capturar a presa. Bem no fim da galeria está seu prêmio: uma fotografia ampliada de um besouro bombardeiro no ato de eliminar um inimigo. Na ponta de seu abdômen uma torre de tiro dispara um jato de produtos químicos escaldantes. Inofensivos quando armazenados em separado, os produtos químicos se combinam em uma glândula especial e se tornam voláteis como o gás dos nervos. Um mestre da defesa e do armamento, o bombardeiro pode girar sua torre de tiro, apontar direto para um intruso e disparar uma rajada, a 48km/h, de petardos escaldantes, não em uma torrente contínua, mas como uma salva de pequenas explosões. Esse "jato pulsado" é estranhamente parecido com o sistema de propulsão utilizado nas bombas V-1 alemãs durante a Segunda Guerra Mundial.

Pela porta seguinte vejo Tom, em pé, pensativo, à frente de uma mesa de laboratório, olhando duas cestinhas rasas de plástico do tipo que se pode encontrar numa despensa. Alto, magro, seu rosto mostra muitos planos e inclinações. Pode-se imaginar uma mosca descendo de rapel suas maçãs do rosto. Seus olhos são azuis, e ele usa óculos. Penteados bem para trás, os cabelos escuros lhe dão um ar latino. Aos 20 anos, na verdade, usava um bigode e barba ao estilo El Greco, mas agora existem poucos traços da adolescência passada no Uruguai. Não conheço outro cientista que tenha um piano Steinway em seu laboratório, ou melhor, um pôster de Marilyn Monroe usando meias arrastão pretas e um bustiê de frente única do qual seus amplos seios parecem tombar.

— Entre! — Tom chama, ao me ver. Agarra minha mão com um forte aperto e então envolve sua outra grande mão no alto da primeira e também aperta. — Estava trabalhando com alguns dos meus insetos favoritos: besouros bombardeiros. — Leva-me até as duas cestinhas plásticas, cheias de areia úmida e pequenas tendas de papel-alumínio salpicadas de fezes de besouro. O pequeno acampamento parece quieto. Quando me abaixo para olhar mais de perto, um bafo incômodo de algo parecido com molho de pato meio estragado me atinge.

— Cadê eles? — pergunto.

Ele sorri e levanta as tendas de prata. Dezenas de besouros fervilham um sobre o outro e dardejam nos cantos. De costas azuis, cada um tem uma barriga gordinha marrom, uma cabeça pequena e um tórax marrom como um Stradivarius, duas antenas compridas e seis patas pretas de muitas articulações.

— Quer ouvi-los disparar? — pergunta, animado. Faço que sim com a cabeça. — Ok, é só meter a mão num grupo e apertar um deles um pouquinho.

— Tudo bem — concordo, inclinando-me para mais perto de uma das cestinhas. Por um ou dois minutos fico paralisada no local, olhos grudados nos insetos. Respirando fundo, percebo que estava torcendo a barra de meu vestido de verão de algodão preto num grande nó, como se o estivesse secando. Tom toca meu braço para me confortar.

— Não tenha pressa — diz ele suavemente.

Levantando o dedo indicador, dirijo-o motivada pela força de vontade a se mover horizontalmente logo acima da cestinha, descendo verticalmente um poço de elevador invisível até a areia úmida. Minutos se passam. Então, deslizando meu dedo na direção de um enxame de besouros, sinto suas patas e antenas roçarem levemente em minha pele. Meu olho direito automaticamente se fecha. Outro minuto se passa. Por fim, levanto o dedo e o pressiono num grupo de besouros, e — *pop!* — um deles dispara um tiro. Assustada, pulo para trás, dou uma risada, meto o dedo, nervosa, e aperto outras costas em forma de botão, ouço outro besouro disparar e enfio o dedo novamente — desta vez ansiosa. Deflagrei a artilharia, e agora meu dedo indicador tem três manchas marrons — o estigma de quem mexe com o besouro — dispostos com dois olhinhos e uma boca. Sorrindo com o fantoche que se fez no meu dedo improvisado, lembro-me dos meus 11 anos, olhando enfeitiçada "Mr. Wizard" na TV e querendo mexer em seu laboratório. Meu dedo indicador ficou marrom como a polpa exposta de uma maçã recém-mordida. Besouros bombardeiros levam quinona em seus alforjes — um composto aromático encontrado em antibióticos e em algumas plantas, usado pelos humanos para fazer tinturas, curtir couro e processar filmes. Na verdade, o bombardeiro faz o diabo com a química. Habitante do deserto, com um corpo escuro, vive na areia de cor clara e, quando ameaçado, suja o intruso com a sua espécie de *spray* antiladrões.

Como o bombardeiro possui o único motor a jato registrado em um animal, os fãs de insetos são especialmente fascinados por sua composição. Para esguichar, ele pulsa a uma razão de 500 a 1.000 vezes por segundo. Nenhum músculo poderia se mover tão rápido. Em vez disso, um oscilador passivo orienta os produtos químicos necessários em uma câmara de reação, onde eles se misturam, provocando uma pequena explosão, que esguicha o líquido (igual a um gêiser) para cima e para fora de um tubo, e ao mesmo tempo fecha a saída de ventilação que introduzia líquido na câmara. Depois dos disparos, a pressão é relaxada, a saída de ventilação se abre, e mais líquido entra na câmara. Dessa forma, o besouro se rearma.

Besouros bombardeiros possuem um forte organismo para viver e se defender. Portanto, precisam de muita comida para se alimentar adequadamente. Devem então caçar com muita eficiência, o que significa estarem propensos a levar uma existência cheia de estresse, sem muita preocupação com a segurança. Naturalmente, podem se dar o luxo de fazer isso porque são muito bem protegidos. Temos aqui o clássico círculo vicioso dos que possuem armas: uma caçada febril de recursos para manter as defesas fortes a fim de permitir que ela também seja febril.

— Vamos ver como eles disparam — sugiro.

— Ótimo! — responde Tom, num timbre de voz que normalmente acompanha um esfregar ansioso das mãos.

Pegamos uma panela na pia e a molhamos com iodo, amido e um pouco de ácido clorídrico; depois, colocamos um pedaço de filtro de papel em cima. Levando-a de volta para a mesa do laboratório, Tom a coloca perto de um aquecedor a álcool e arruma uma pequena trave de metal sobre o papel. Quando me pede para escolher um besouro "bem-temperado" do areeiro — o que quer dizer um razoavelmente dócil, mas não doente —, faço várias escolhas desanimadas. Por fim me aproximo de um, encurralando-o entre o polegar e o indicador. Mas sair correndo e se desviar é seu forte, e ele se desvencilha, sobe correndo por meu braço, dá uma volta em meu cotovelo e corre na direção do meu pulso. Pegando-o com a mão livre, seguro-o delicadamente pela borda, como se fosse uma pedra preciosa que eu colocasse num bisel. Meus olhos se fecham novamente quando ele me faz cócegas com suas patas. Não há nada para coçar. Apenas realiza danças nervosas muito delicadas em meus dedos. Posso sentir suas mandíbulas me mordendo, mas são pequenas demais para romper a minha pele. Essas novas sensações são mais delicadas do que qualquer outra que eu já tenha conhecido com animais, e são necessários alguns minutos de Zen para se adivinhar que pressão difícil de detectar irá manter um besouro seguro sem espetá-lo ou esmagá-lo.

Nesse nível, em que todas as sensações são novas, acho melhor deixar meus sentidos ensinarem a si mesmos. Logo pego o jeito delicado de segurar o rápido, vulnerável e pequeno besouro, e depois giro-o, expondo seu ventre. Então derreto um pouco de cera sobre uma chama tão pura, que parece não ter cor, deixo cair uma pequena bola de cera sobre a carapaça do besouro e ligo-a à trave de alumínio. Abaixando o besouro até que suas patas toquem o papel, deixo que ele descanse um pouco ali. Pego um par de fórceps de relojoeiro e belisco levemente a coxa de sua pata esquerda traseira. *Pop!* Por trás de uma pequena nuvem de fumaça, o rastro de uma borrifada de produtos químicos. A seguir, belisco a coxa de sua pata direita frontal, e — *pop!* — ele atira rápido na direção oposta, deixando outra trilha indicadora. Sua precisão é fantástica, assim como sua capacidade de recarregar e disparar em milésimos de segundo. O ruído não é bem o som de uma rolha estourando; contudo, mais úmido e de tom mais grave, "como um tiro atrás de uma parede", diz Tom, e confio em tal descrição. Sua infância foi repleta dos sons inesquecíveis das metralhadoras e dos uniformes de nazistas.

— Berlim nos anos 30 deve ter sido apavorante — comento, enquanto estico a mão para pegar a outra pata. — Seu pai era judeu?

— Era. Um químico. Minha mãe era pintora. E deixe eu lhe contar: nos anos 20 eles achavam a Berlim de Kandinsky, Klee e Reinhardt um lugar animado. Havia quatro casas de ópera diferentes. Minha mãe, uma mulher extraordinariamente bela, rejubilava-se com sua criatividade. Se ela não tivesse qualquer arte, pegava pedras e fazia coisas com elas ou apanhava conchas. Sempre via o jeito como as coisas podiam ser convertidas em algo de artístico. Meu pai era químico, tudo bem, mas seu passatempo era fazer perfumes. Lembro que ele fez uma imitação muito boa da colônia 4711 e um perfume de violetas para minha mãe. Mas ele também fez cremes dentais, pó dentifrício, um linimento de primeiros socorros e todos os tipos de cheiros e loções. Como químico, ele era mais teórico do que qualquer outra coisa. Sua tese de Ph.D foi "Como Retirar Ouro da Água do Mar". Pode imaginar? Quero dizer, esse era o esforço da Alemanha para pagar a quantia imposta pelo tratado de Versalhes e era um projeto secreto. De qualquer maneira, seu trabalho consistia em ver se era viável tirar ouro da água do mar. A resposta foi não, mas ele viajou por todo o mundo, colhendo amostras de água do mar e fazendo extrações. E então, na indústria farmacêutica, envolveu-se com a produção de tônicos, um agente de curtume, linimentos curativos para cortes e machucados, vitaminas mastigáveis para crianças: muito mais tarde, quando ele mudou a família para os Estados Unidos, conseguiu uma patente de vitaminas mastigáveis.

A essa altura, o papel indicador está coberto com o que parece uma rosa-dos-ventos, com o besouro preso em seu centro. Mais uma vez toco numa pata, e gotículas de *spray* caem em arco sobre o papel. Agora há um "clique-claque" (em vez do costumeiro ruído abafado ou do som de rolha estourando) do fogo rápido e repetido do inseto.

Enquanto descolamos delicadamente o besouro e o levamos de volta à cestinha, Tom parece distraído pela memória. — Em que época excitante meus pais viveram — suspira ele. — A sociedade era livre para todos. Ao se recuperar da guerra, Berlim desfrutou daquela espécie de caos que tem o dom de expor nas pessoas o que elas possuem de original, porque tudo o que é organizado é insosso. Havia centenas de organizações políticas diferentes, todas lutando por sua identidade, e um grande anseio por ser individual, incomum.

— Deve ter sido duro para eles partir.

— Hitler apareceu no início de abril, e partimos no final do mesmo mês. Eu ainda não tinha três anos, e minha irmã, seis. Fomos para a Espanha, sem nada, um par de malas apenas. Meu pai ia de uma empresa farmacêutica a outra procurando emprego. Finalmente achou um, e alugamos uma casa em Barcelona. Ainda me lembro de Júlia, uma empregada maravilhosa com um colo grande em que eu costumava repousar a cabeça. Eu adorava aquilo, sem saber que era o início da descoberta da sexualidade. Ela devia estar com seus vinte e tantos anos, um pedaço de mulher. Os policiais com seus capacetes ornamentados costumavam parar do lado de fora, e ela flertava com eles por entre as barras de ferro das janelas. Ela tinha cheiro de lavanda e me trazia escondido chocolate e outros tesouros.

— Então veio a Guerra Civil Espanhola. Essas memórias são realmente traumáticas. Um dia, quando eu tinha sete anos, estava sentado na caixa de areia e ouvi um ruído incrível: uma série de explosões. Eles estavam pegando bondes e os enchendo de dinamite e rolando-os morro abaixo. Alguns prédios de apartamento e igrejas pegavam fogo. Saí correndo da caixa de areia e fugi do tumulto. Subitamente a Espanha explodiu. Os espanhóis, capazes das maiores expressões de calor humano, também podem infligir as mais horrendas torturas uns aos outros. Havia tantas facções naquela época, que era perigoso sair à rua. Se você fizesse a continência errada para o caminhão ou barco errados, estaria em apuros. Você tinha de conhecer a saudação comunista, a saudação anarquista, e assim por diante. Eu já era velho o bastante então para ver qualquer romantismo em toda aquela confusão; eu estava apavorado. Fugimos da Espanha num cargueiro, cheio de gado infectado com a doença do sono. Havia freiras mutiladas a bordo. O barco estava abarrotado de gente, e minha irmã e eu dormimos cobertos por meia dúzia de fox terriers dentro da corrente da âncora. Só navegamos por um dia, mas para crianças isso é muito tempo. Nós achamos aquilo uma grande aventura. Então chegamos a Marselha e ficamos com amigos. Fizemos algumas coisas loucas, como contrabandear outras crianças para lá. O mundo estava numa enorme confusão. Era a confusão total. Finalmente, chegamos a Paris e encontramos um apartamento. Meu pai alugou um piano, que era uma grande fonte de energia.

— Ele era um bom pianista?

— Bem, ele era um pianista *entusiástico*. Comecei a tomar aulas de piano, que adorava. Mas não ficamos muito tempo em Paris, só metade de um ano. Lembro-me de como, na escola, as crianças me chamavam de nazista sujo porque eu era um refugiado alemão. Já podíamos sentir o cheiro da Segunda Guerra Mundial. Então decidimos ir para a América do Sul, onde meu pai achava que poderia começar de novo. Mas não era fácil conseguir um visto; meu pai e eu íamos ao consulado do Brasil todo dia e entrávamos numa fila com centenas de pessoas. Um dia, um raio caiu no prédio ao lado. Houve um estrondo tremendo, e comecei a berrar a plenos pulmões. Eu era a única criança ali. Uma porta se abriu — uma dessas portas que todos rezavam para que fosse ser aberta para eles —, e um homem saiu e perguntou por que eu estava chorando. Meu pai lhe falou do raio. O homem me sentou em seu joelho, deu-me umas palmadinhas carinhosas e me disse que não chorasse. Meu pai explicou que estávamos tentando urgentemente chegar à América do Sul, e o homem simpatizou conosco e nos deu um visto. A vida é esse tipo de loteria. Então fomos para o Brasil e, com mais complicações, de lá para o Uruguai.

Tom ficou no Uruguai dos sete aos 17 anos, dez anos cruciais, durante os quais descobriu a puberdade e Brahms. Então a família mudou-se de novo, desta vez para os Estados Unidos. Uma resposta para essa natureza nômade pode estar no fato de ser um imigrante, levado pela necessidade de encontrar um lugar para si, um certo senso de domicílio. Buscando identidade e integração, imigrantes muitas vezes vivem de forma dividida: tentando sucesso em um ambiente muito mais proibitivo para ele do que para o nativo, levando uma vida extenuante para um menino estrangeiro, num processo de experiências altamente formativas; no entanto, Camus declarou certa vez que a essência da expressão artística de uma pessoa é a tentativa de recapturar; por meio da arte, aquelas duas ou três imagens diante das quais sua alma se abriu pela primeira vez.

Enquanto é removido, o besouro toca o papel e deixa uma marca lembrando o caráter chinês de "noite". Quando os besouros bombardeiros disparam, apontam para a parte do corpo sendo afetada e invariavelmente se banham de veneno. Por que não sofrem com isso? Os cientistas não sabem. Outro besouro bombardeiro, atingido por engano, fugirá, mas não será ferido.

— Quantas vezes ele pode disparar? — pergunto.

— Ah, 20 ou 30. Então leva uns dois dias para recarregar um quinto disso.

— O que acontece nesse meio tempo? — Vejo um besouro acuado subitamente descobrindo sua arma vazia.

— Está em apuros. Mas uma das grandes coisas a respeito dos bombardeiros é que eles raramente precisam atirar de forma sucessiva. A primeira descarga os cobre de produtos químicos e é repelente. Já conduzi experiências, por exemplo, em que punha bombardeiros juntos, deixava-os se banhar em suas próprias secreções defensivas, e em seguida os colocava no meio de um bando de formigas. As formigas se moviam ao redor delas, mas evitavam tocá-las.

Embora possa ser um pouco estranho pensar nele como uma espécie de armadura, o cheiro desempenha muitos papéis cruciais na vida de um inseto. Ele é semelhante a um fio telefônico, sobre o qual diferentes tipos de mensagens podem fluir: a ameaça, o convite; a corte; a localização de comida; um chamado às armas; uma senha; um gemido de morte; a trilha para casa.

— Por que eles têm pescoços tão compridos?

— Não são pescoços — explica Tom. — Na verdade, aquilo é parte do tórax. Todos os insetos possuem uma estrutura corporal simples, e este besouro não é uma exceção. Deixe-me dar uma explicação resumida sobre um inseto. Primeiro, os insetos são simétricos bilateralmente, isto é, têm o mesmo número de pernas, olhos, etec., de cada lado. O que isso nos diz? Que eles se movem em uma direção. Se você tivesse de desenhar um animal desses, onde desenharia os receptores sensoriais? Obviamente, na parte do corpo que primeiro atendesse a tais condições. Então os olhos, a boca e as antenas ficam todos na cabeça. Aí você tem o tórax, que é pouco mais do que uma caixa de músculos, nada, realmente, senão um motor para os apêndices. O estômago corre pelo tórax, costurando por entre os músculos. As asas também estão no tórax, e, a propósito, estes besouros são bons voadores. O abdômen é esta área grande aqui — indica ele, correndo a ponta do dedo sobre a parte mais larga do besouro. — O abdômen em um besouro, e em nós mesmos é uma parte do corpo não obstruída por apêndices e, portanto, pode sofrer uma certa dose de distensão. Ela precisa abrigar as gônadas em expansão, ovos férteis, pacotes de esperma, assim como engordar com a comida. Portanto, esse é o padrão do inseto. Muito bem-sucedido. Com essa combinação de cérebro, estômago e gônadas, o que você tem? — Faz uma pausa dramática. — Ou um inseto ou o macho padrão.

O teatro da vida exerce um apelo para Tom, que tem um raro talento para encontrar uma história e contá-la. Se você é um fisiologista humano, existem tantos tópicos a explorar, tantas glândulas, tantos centros nervosos, tantas coisas que podem dar errado com o corpo humano. Seu foco será relativamente estreito. Mas, se você é um dos poucos pesquisadores viajando por sobre a vastidão quase ilimitada da diversidade de insetos — dezenas de milhões de espécies, a grande maioria sequer possuindo um nome científico —, tende a passar de um enigma minúsculo a outro.

— A maneira como Tom trabalha — observou seu melhor amigo, E. O. Wilson, um dia, enquanto estávamos sentados em seu escritório, em Harvard, fazendo um lanche — é que ele entra em campo, vê um inseto de aspecto interessante, ou um inseto familiar fazendo alguma coisa de incomum, e o estuda com uma poderosa parafernália — câmeras, testes químicos preliminares, câmaras de observação — e descobre o que o inseto está fazendo, por que é uma prática incomum e onde isso será adequado. Ele desenvolve sua pesquisa como uma história e a traz de volta ao laboratório. — Como renomado especialista em formigas e pai da sociobiologia — campo que explora a base biológica de hábitos, convenções e costumes sociais —, Wilson sabe intimamente do que é preciso para prevalecer na ciência. — Então ele se volta para um assistente especializado que possa elaborar a química de produtos naturais dessa espécie; Tom entendeu há anos que a maior parte do que os insetos fazem é de natureza química. Eles se comunicam quimicamente e desta forma também defendem —

são magníficas fábricas químicas. Dessa forma, Tom trata seus objetos de pesquisa não só como objetos visíveis com comportamentos fascinantes, mas também como maravilhas químicas.

Logo que um inseto revela seu segredo, Tom provavelmente passa para o mistério seguinte. Como existe apenas um punhado de investigadores com seu impulso e habilidade explorando as hordas de espécies de insetos existentes, esta é provavelmente uma boa estratégia. É de se imaginar que isso continuaria infinitamente, que de uma maneira borgiana ele se moveria ao longo de uma infinita biblioteca de histórias e que, no final, estaria segurando o mesmo lampião pequeno com o qual havia começado. Mas, ao longo dos anos, o que ele aprendeu constitui padrões, passando daí a interligar as experiências e os registros, produzindo alguns dos primeiros princípios de ecologia química.

— O resultado disso tudo — comenta Wilson, pensativo — faz de Tom um pontilhista. Ele é uma pessoa que salpica pontos de luz numa tela ampla, que de início parece um festival aleatório de pigmentos brilhantes pintalgados; porém, à medida que mais e mais pedaços vão preenchendo a figura, revela-se um quadro extremamente interessante de uma parte pouco conhecida do mundo vivo.

São quase 22h quando concluímos o trabalho com os besouros bombardeiros: nós os colocamos de volta sob suas tendas prateadas e trancamos o laboratório para a noite. Quando saímos para o escuro, instintivamente nos voltamos e olhamos o prédio, ainda envolto de forma alienígena em sua carapaça de luz.

Arrumo as malas para uma viagem às *scrublands* da Flórida, um hábitat único e ameaçado, onde habitam insetos raros, e deixo meus pensamentos vagarem pela "biodiversidade", uma idéia que domina a vida e carreira de Eisner. Como muitos ambientalistas, incluindo seu amigo Wilson, ele desenvolveu um lampejo ousado sobre o futuro biológico do planeta. A base é um caleidoscópio vivo, no qual todas as peças podem mudar e se ligar de muitas formas. O que a biodiversidade tem tanto a ver com insetos? A maioria das pessoas não está preocupada com formigas e moscas, e pode até mesmo pensar que o mundo seria melhorado se mais insetos fossem extintos. Mas os insetos perfuram o solo para que ele respire, limpam a decomposição, ajudam na polinização, produzem comida para nós (como o mel) e nos ensinam sobre a genética e a química. Um gene é uma coisa terrível de se desperdiçar. A criação de remédios não é possível. Portanto, precisamos do mosquito da malária, da voraz mosca de areia, do carrapato-do-limo e de todos os seus primos.

Se é difícil para Tom explicar o conceito de biodiversidade às pessoas, imagine explicar o papel importante que os insetos desempenham. Uma estratégia que parece funcionar bem é o apelo à velha ganância humana. As empresas de drogas ajudam a proteger algumas florestas tropicais por causa das plantas medicinais existentes ali; mas Tom começou a provar que também existem insetos medicinais. Obcecados por sexo, veneno e morte, os insetos vivem como Lucrécias Bórgias e Maquiavéis lilliputianos, carregando armas sofisticadas, preparando venenos letais, refinando afrodisíacos. Seu flagelo ou armamento às vezes funciona como um tônico para nós. Como resultado direto do trabalho de Tom, a Merck and Company concordou em proteger a rica floresta tropical da Costa Rica para a "prospecção química" — um golpe preservacionista. Naturalmente, Tom precisa primeiro provar que existe um oriente de tesouros a ser encontrado entre os insetos. Muitas de suas viagens à terra dos seres miúdos têm lugar na Estação Biológica Archbold, perto de Lake Placid, no Centro-Sul da Flórida. Decido acompanhá-lo em sua peregrinação anual e vôo até Fort Myers em um dia frio e límpido de fevereiro.

Depois de dirigir duas horas para nordeste, passando por cidadezinhas com nomes românticos — Venus, La Belle, Arcadia —, viro na placa que diz Estação Archbold e dirijo por um corredor de árvores até uma enorme clareira. Lá encontro um prédio principal, que abriga uma sala de jantar, dois dormitórios, um conjunto de saguões e escritórios, além de quatro laboratórios de pesquisa. Uma enorme figueira tapa as paredes, emoldurando as portas e janelas. Os tijolos e vidros são apenas temporários, é o que isso significa; muito em breve tudo retornará à Natureza. Ladeado por uma quadra de tênis coberta de tufos de grama e uma garagem cheia de Land Rovers, o prédio principal fica em frente a um semicírculo de chalés enfiados na mata. No escritório, uma secretária me aponta a direção do chalé dos Eisners — número 2, perto da torre da caixa-d'água —, e logo o vejo, cercado por arbustos de azaléia rosa. Duas bicicletas (uma masculina, outra feminina) se aninham juntas debaixo de um dos toldos cinza e branco, patrulhados por vespas. Música com o som de um órgão invade a varanda de tela. Vou entrando e encontro Tom na entrada, sentado a um órgão eletrônico, tocando "Tocata e Fuga em Fá Maior", de Bach, com Maria a seu lado, virando as páginas da partitura. Uma mulher esbelta com cabelos curtos, grandes olhos azuis e pele delicada, ela veste uma camiseta xadrez rosa e calças cáqui. Vendo-me à porta, ela toca Tom de leve no ombro, mas é o suficiente para despertá-lo de seu sonho. Suas mãos fazem uma pausa sobre as teclas por um momento enquanto ele retorna de um mundo diferente. Então cumprimentamos um ao outro e trocamos notícias sobre amigos. Eles me mostram as últimas fotos de seus filhos e netos e me proporcionam uma vista rápida de seu chalé, cuja metade dos fundos é inteiramente dedicada a um laboratório dominado por microscópios de alta potência, uma colmeia de frascos e espécimes de insetos e plantas. Tom normalmente dá uma caminhada noturna, já que muitos insetos se tornam ativos à noite, e decido me juntar a ele. Uma lanterna presa numa faixa de cabeça deixa as mãos livres para o trabalho; parecendo trabalhadores de uma mina de carvão, partimos para uma caminhada pelas cavernas do crepúsculo.

A noite é repleta do cricrilar dos grilos e a ocasional melodia de saxofone de um pássaro. Mas os humanos são pobres conhecedores da música dos insetos, que pode ser alta demais, rápida demais ou percussiva demais para ouvirmos. Ajuda um pouco fazermos uma imagem de como um grilo "canta", movendo uma lima em uma das asas sobre um ralador na outra. Ele é semelhante a um guiro, a cabaça que se toca raspando com um bastão, usada em bandas de mariachi. "A poesia da terra nunca está morta", John Keats começa um de seus mais belos sonetos, referindo-se aos sons emitidos por grilos e gafanhotos. Embora os grilos tenham várias canções, as mais sonantes e extensas são feitas pelos machos sedutores esperando o acasalamento. Cercados pelos pedidos sexuais de incontáveis grilos, descemos por uma estrada arenosa, sob uma lua cheia cor de madrepérola. Quando cai a escuridão, as árvores parecem mais próximas, e na ausência de sinais reconfortantes a mente dota as sombras de ameaças: cobras, escorpiões, javalis. Um rápido som abafado de patas à nossa esquerda é provavelmente um dos cervos de cauda branca que partilham a estação. Minha lanterna alcança pegadas fundas de cascos na areia, e as seguimos por um instante, até desaparecerem nos arbustos. É um pouco parecido com uma cirurgia, andar pelo mundo noturno, supondo o que deve estar mais à frente, usando instrumentos para ajudar a sentir o caminho. Uma estrela verde brilha em uma árvore.

— Lá está um vaga-lume! — grita Tom, seguindo-o lentamente e parando no último instante para apanhá-lo na mão em forma de concha.

— Dê uma olhada — diz, entregando-me o inseto.

Segurando suas asas entre o polegar e o indicador, inspeciono a pequena lanterna, piscando uma luz verde fria. Parece como que a visão pela qual os pilotos anseiam tarde da noite: o farol verde giratório de um aeroporto. Deslizo o vaga-lume para dentro de um pequeno frasco de tampa branca. Ele pára de piscar. Tampo o frasco. Torna a piscar.

— Veja, o piscar é uma forma de defesa — explica Tom. — Ele produz uma das luzes frias mais brilhantes já criadas. Você pode ler com o auxílio dela.

Uma cintilação chama a minha atenção e viro-me para ver um enxame de luz numa árvore próxima. Se estivéssemos olhando para o céu por meio de um telescópio, seria fácil confundir a árvore cheia de vaga-lumes com um vislumbre da nebulosa da Colmeia. Observar vaga-lumes é um dos prazeres das noites de verão. Como não somos adaptados ao escuro, elas nos parecem bem brilhantes, mas os fotógrafos mal captam um traço sequer delas. Tom me contou que certa vez, filmando com a BBC, recolheu um bando enorme de vaga-lumes e os jogou numa imensa teia de aranha (depois de retirar a aranha), e o câmera filmou aquela nuvem espetacular de lusco-fusco. As crianças costumam partilhar um senso mágico quanto aos vaga-lumes. Já vi auroras de vaga-lumes em meu próprio jardim, em junho. As mulheres americanas do século XVIII costumavam usar vaga-lumes nos cabelos como decoração. Não sei o que utilizavam como fio. Às vezes os chamamos de besouros-relâmpagos. Mas são todos besouros pertencentes à ordem *Lampyridae*, que tem encantado as pessoas de muitos países. Os antigos chineses e japoneses tinham celebrações com vaga-lumes; Aristóteles e Plínio descreveram seus hábitos. Que canções teria Salomão cantado à sua amada sobre seus olhos brilhando como vaga-lumes? Como eles não são mencionados no Corão, na Bíblia nem no Talmude, provavelmente é seguro supor que vaga-lumes não poderiam sobreviver no Oriente Médio. Mas, segundo consta, eles evitaram uma guerra em Cuba: quando os generais ingleses *sir* Robert Dudley e *sir* James Cavendish chegaram a Cuba, viram o que acharam ser as tochas de espanhóis beligerantes na margem. Então navegaram para a Jamaica.

Vaga-lumes piscam misturando duas substâncias químicas hipergólicas. Sem nada de especial sozinhos, esses elementos se combinam com um toque de poesia para produzir novas e poderosas substâncias. Óxido nitroso e glicerina, por exemplo, produzem o explosivo nitroglicerina. Nos vaga-lumes, o par inclui luciferina e luciferase, e quando elas são misturadas no órgão leve sob o abdômen do vaga-lume, emitem uma luz verde-amarelada. Estamos acostumados a pensar em fontes de luz como irradiando calor, mas estas não o fazem. Na verdade, o que elas emitem é oxigênio, e em excesso, que para as criaturas vivas é tão tóxico quanto a escassez de oxigênio. Os fabricantes começaram a tirar vantagem da dinâmica dos vaga-lumes criando faróis, para brincalhões ou motoristas perdidos, que começam a brilhar quando se misturam os dois produtos químicos.

— Como eles podem fazer isso tão rápido: misturar esses faroizinhos? — pergunto.

— Como você pode iniciar uma batida cardíaca subitamente? É fantástico que tudo tenha sido feito em seis dias, não é? — retruca Tom, com jeito brincalhão.

— Tudo de divertido aconteceu na tarde do terceiro dia — respondo. — Antes disso havia basicamente trevas e luz; depois, a burocracia.

— Ótimo método científico! Se você vai realizar uma experiência importante, não vá esperar até o último dia, senão pode estragar tudo... Ei! Olhe aquele brilho ali. Não é maravilhoso?

Já faz algum tempo que Tom vem estudando os "vaga-lumes *femmes fatales*", num trabalho que ele e seu aluno James Lloyd tornaram famoso. Acontece que machos e fêmeas piscam quando têm fome ou querem sexo. Na possibilidade de uma piscadela-como-sinal-de-desejo, a fêmea espera no chão ou na vegetação enquanto é atacada por um macho. Este normalmente vai baixando e pisca por meio segundo enquanto alça vôo como uma pincelada para fazer um J de luz. Se ela for sua fêmea, responderá com uma piscadela de meio segundo. Então tornará a voar até onde ela está e emite uma piscadela rasante; ela piscará de volta. O que torna a dança luminosa única para os parceiros é a pausa entre as piscadelas. É como se os vaga-lumes estivessem lendo as pausas num concerto visual. Tranqüilizados por essa espécie de código Morse, ambos se acasalarão. Mas alguns vaga-lumes são *femmes fatales* que atraem os parceiros de outras fêmeas imitando seus códigos de piscadela. Quando um macho mergulha, esperando se acasalar, a *femme fatale* o come, não apenas por fome ou por ter um traço diabólico, mas também porque certos machos trazem produtos químicos defensivos em seus corpos. Comendo um desses machos, a fêmea se satura com uma armadura química que a torna de gosto desagradável para pássaros, aranhas e outros predadores. Existe estimulante cardíaco suficiente em dez vaga-lumes para matar um ser humano. Portanto, armados e perigosos, os parceiros confiam em senhas visuais durante a corte. Tudo está em jogo. Como é preciso muita energia para piscar, eles personalizam a pausa. O que vemos é uma noite decorada com seus anseios e hesitações detalhados, uma pequena ópera de luz.

Em boa parte do mundo — perto de rios em Bornéu e na Tailândia, por exemplo — existem "árvores de vaga-lumes" enxameando de machos que piscam em uníssono para atrair as fêmeas da floresta. Ao longo desses caminhos, escoladas nos néons do desejo, as fêmeas vão procurar por machos no distrito da luz verde.

— Você já viu as árvores de vaga-lumes? — pergunto.

— Não, mas me disseram que elas são mágicas — responde Tom. — Não é interessante como os vaga-lumes variam suas técnicas de corte? Diferentes culturas humanas desenvolvem tradições diferentes. O mesmo acontece com os vaga-lumes.

— Eu pensava que as estrelas piscando os confundiriam.

— A visão deles não é tão boa. No entanto, os acampamentos humanos os incomodam: o ar é diferente, o nível de ruído, as luzes. Existe na verdade muito pouca atividade humana compatível com o resto do mundo — retruca ele com um suspiro.

Fico feliz porque o crepúsculo esconde meu pequeno sorriso. Afinal, Tom e Maria criaram três filhos e viveram muito tempo na chamada civilização. Eu também. Parte da ironia do ambientalismo é a procura por soluções quando se sabe que se é parte do problema.

O vaga-lume em minhas mãos pisca verde, com um brilho residual amarelo.

— Vou lhe contar uma coisa que realmente me surpreende — diz Tom. — Ninguém conhece o ciclo de vida do vaga-lume comum.

— Por que não?

— Porque ninguém sabe onde as larvas ficam. Pode imaginar isso? Um dos insetos mais familiares do mundo, e ainda não o compreendemos.

Ao voltarmos para o acampamento, pequenos olhos nos observam de dentro da vegetação. Alguns animais possuem uma membrana espelhada em seus olhos que reflete a luz. Se você mirar uma lanterna no mato, poderá muitas vezes fazer os olhos deles *brilharem.* Isso funciona com os crocodilos e as aranhas. Os olhos dos crocodilos brilham vermelhos, como duas butucas de cigarro brilhando; muitos olhos de aranha brilham verdes. Existem guias para rastros de animais e até mesmo guias à prova d'água para habitantes dos recifes, que podem ser levados quando mergulhar, mas não conheço nenhum guia noturno de olhos de animais.

"Aranhas brilhantes" são um passatempo favorito de naturalistas que trabalham à noite. Um dia, num centro de artes na Costa Leste da Flórida, atraída pelo brilho dos olhos, encontrei uma teia de aranha de 1,80m por 3m esticada do teto de meu chalé até os degraus da varanda. Sua criadora, uma tarântula castanha do tamanho da minha mão, desfazia a teia toda manhã e a refazia toda noite. Ela sempre deixava os fios de retenção no lugar e girava lentamente pela teia como mãos invisíveis tocando as cordas de uma harpa. Batizei-a de Ana Aranha e muitas vezes fiquei observando-a construir aquela finíssima teia de radar. Quando terminava, aguardava num canto alto, com os olhos verdes brilhantes, e se algo fazia a rede vibrar ela sabia exatamente aonde ir. À noite, a lua a olhava tecer sua seda; de dia, o vento a fazia zumbir.

Tom e eu compartilhamos uma paixão por aranhas. Gosto do

jeito como elas tecem e de como ocupam o céu. Tom gosta de seu jogo de cintura dietário, que as torna importantes para seu ofício. Aranhas são suas provadoras. Ele lhes alimenta com toda sorte de insetos, e, se elas se recusam a comer algum, ele se pergunta por quê. Por que com letras maiúsculas, o tipo de pergunta cuja resposta levará a outras perguntas e outras respostas, e será útil numa prospecção química. Amanhã planejamos visitar alguns de seus provedores reais. Então, desejo boa-noite a Tom, volto ao dormitório no segundo andar do prédio principal e leio um pouco antes de dormir. O livro que peguei emprestado de uma residente da estação é *Leave Me Never*, de Suzanne Carey, um romance açucarado, que se passa na Estação Archbold. Rindo com frases como "antes que ela pudesse gritar ou mesmo falar, o outro braço dele a enlaçara com uma força esmagadora, puxando-a contra aquele membro viril de que ela se lembrava", finalmente adormeço, pensando nos códigos de galanteio preferidos por humanos e vaga-lumes.

Depois do café, na manhã seguinte, Tom, Maria, Mark Deyrup (outro entomólogo) e eu partimos para Highland Hammock, uma ilha de vegetação densa a cerca de uma hora de viagem para o norte. Como Tom está intrigado com a mariposa adornada de pintas laranja e marrons, faremos algumas experiências envolvendo aranhas. No meio do caminho, paramos ao longo do acostamento e saímos arbustos adentro, esperando ter sorte bastante para encontrar um dos gafanhotos de arbusto Tequesta que Mark está estudando. Nesta temporada ele já caminhou centenas de quilômetros ao longo dessa rodovia e encontrou poucos e preciosos deles para o seu estudo. Uma borboleta listrada flutua em nosso caminho como um pedaço de papel-jornal, aparentemente indiferente ao zunzunzum do tráfego a apenas alguns metros de distância. A super-rodovia de quatro pistas cria suas próprias correntes de ar, transportando insetos descuidados para sabe-se lá onde.

— Acho que vi um — grita Maria. Corremos para ela com passos cuidadosos. Seus olhos aguçados se fixaram num pequeno estremecer de pontos pretos e brancos debaixo de um teto de grama. O inseto pelo qual estamos procurando não tem asas, mas pode saltar a uma distância e tanto, graças a seus poderosos músculos nas pernas. Maria cola o olhar no gafanhoto saltitante, apontando para ele, salto a salto, até que Mark o apanha nas mãos.

— Sujeitinho grande — comenta ele, virando-o. — É fêmea, pra ser exato. Chegamos mais perto para dar uma olhada na pequena criatura preto-e-branca, ao mesmo tempo listrada e pintalgada. De perfil, parece um gráfico.

— A fêmea é maior do que o macho — explica Mark — e possui uma das extremidades afiladas. Ela deposita os ovos debaixo da terra; por isso, tem essas pequenas colheres de pedreiro complicadas em sua traseira.

Curvando-me para olhar mais de perto, acompanho sua barriga dourada até duas pequenas pás. Então vejo os dois olhos multifacetados, surpresa por descobrir pontos pretos e brancos correndo exatamente através deles também. Cada olho é composto de centenas de facetas claras, onde os pontinhos parecem suspensos.

— Uma das coisas peculiares a respeito de gafanhotos de arbusto — diz Mark — é eles permanecerem no coito por muitas horas. Você pode vê-los saltando juntos, acoplados.

— A conjunção definitiva — diz Tom. — Isso é que é um "rolo". — Maria dá uma gargalhada; foi apenas ontem que Tom e Maria ouviram pela primeira vez essa expressão sobre casais e gostam do seu aspecto de novidade.

— Quanto tempo eles vivem? — pergunto.

— Quase um ano — responde Mark, ao subirmos no carro, colocarmos o gafanhoto com segurança a distância e continuarmos nosso passeio. — Mas é difícil estudar suas relações porque grupos de arbustos são às vezes isolados uns dos outros por rodovias, conjuntos habitacionais, laranjais. Mas os gafanhotos parecem mudar o formato genital muito prontamente, e podemos utilizar isso para identificar quais têm vivido perto, juntos, e quais têm viajado. Veja, com insetos existe algo que se chama de evolução descontrolada. Suas genitálias mudam muito rápido dentro de um grupo. Isso está aparentemente baseado na preferência das fêmeas. Um grupo desenvolverá alguns chifres extras na genitália masculina, embora não haja nada de particularmente adaptável nelas.

— Se elas não ajudam o animal a se adaptar a seu ambiente, por que se desenvolvem?

— Só porque as fêmeas gostam deles. Um pequeno chifre começa por algum motivo; as fêmeas preferem os chifres e se acasalam com esses machos; e a prole traz genes que produzirão chifres. Sabe, isso pode não ser muito diferente da forma como o alce irlandês se tornou extinto: porque as fêmeas ficavam dizendo: "Só quero você quando tiver galhadas maiores." Acabou que as galhadas ficaram grandes demais para eles carregarem.

Poderíamos nos perguntar por que as fêmeas dos gafanhotos preferem os chifres em primeiro lugar. Mas ninguém sabe realmente. Uma tese sustenta que é muito importante para as fêmeas saber que realmente se acasalaram. Os machos precisam transmitir com clareza a mensagem de que a cópula aconteceu. Entre insetos, a cópula muitas vezes é interrompida por predadores, pelo tempo etc. Por isso é importante que ambos os parceiros percebam que o esperma foi transferido. Se um macho estimula uma fêmea usando muito barulho ou um *design* novo, conseguirá procriar, porque a fêmea terá absoluta certeza de que a cópula aconteceu e, portanto, rejeitará outros machos. Não há por que perder muito tempo se acasalando, se isso não é necessário. Essas mudanças genitais se tornam extraordinariamente sofisticadas e podem envolver chumaços de pêlo, pequenos crescimentos de ganchos, sacos reversíveis peculiares com pêlos nas extremidades e protuberâncias incomuns em direções opostas. Elas são adaptáveis apenas no sentido de assegurar à fêmea que ela está copulando com um macho da espécie correta, mas não têm qualquer uso externo. São apenas decorativas. Então, é altamente improvável que espécies diferentes desenvolvam exatamente as mesmas genitálias. Só este fato permite que os cientistas rastreiem as relações de organismos e seus hábitats.

— Tom e eu somos entomólogos muito diferentes — continua Mark. — Muito de seu trabalho tem uma base de História Natural à moda antiga, mas ele se encontra na vanguarda do que está sendo descoberto agora. Quase nada do que faço poderia ser feito há cem anos.

— Nós dois fomos arrastados sob chutes e protestos ao século XIX — Tom o corrige.

— Não, meu tipo de trabalho é o de alcançar os outros. Muitos dos estudos e pesquisas de História Natural realizados na Europa, no século XIX, nunca foram feitos na Flórida. As pessoas estavam ocupadas fazendo outras coisas. Então passei muito tempo apenas escutando os insetos, descobrindo onde vivem e como vivem. Não é algo com que você possa ser pago para fazer.

Quando pensamos em ciência, freqüentemente imaginamos peregrinações arcanas atrás de minúcias ou esforços para explicar princípios subjacentes. Mas é fantástico que numa civilização tão complexa quanto a nossa ainda estejamos engajados na tarefa de Adão, ou seja, dar nome aos animais.

— Existem pouquíssimos lugares onde você pode realmente olhar para todo um ecossistema e dizer quanto de alguma coisa vive ali — diz Mark. — Na estação, estamos começando a ser capazes de fazer isso. Acabamos de reunir uma nova lista de mariposas e borboletas, por exemplo, com mais de 1.100 espécies. E existem outras quinhentas e tantas espécies a ser identificadas: isso são apenas mariposas e borboletas! Temos mais ou menos novecentas espécies de besouros listadas, mas supomos que existam cerca de duas mil. E as formigas, abelhas e vespas provavelmente formam um grupo ainda maior. Listamos cerca de mil moscas. Então o número total de diferentes espécies de insetos no pequeno hábitat de Archbold é de cerca de dez mil. E isso não é nada se comparado ao que você encontraria numa floresta caduca. A Lista de Espécies Ameaçadas é apenas um começo. A maioria dos insetos ainda não é sequer conhecida. Então como podemos dizer quais os que estão ameaçados?

Logo chegamos a Highland Hammock, um parque estadual. Enquanto andamos por caminhos cuidadosamente marcados, desfrutamos da sensação primordial da floresta densa, que contém uma mistura de árvores do Norte e do Sul: vastos bosques de liquidâmbar e ulmáceas, bordos vermelhos, nogueiras, carvalhos e pinheiros vivos. Trepadeiras de hera venenosa em flor com 6m de extensão pendem de galhos, com musgo barba-de-velho, epífitos e orquídeas. Abrindo uma larga folha de palmito, vejo quatro espécies de mariposas, cujas lagartas estão se alimentando das folhas; parasitas de vespas e moscas que atacam as lagartas; vários tipos de aranha, que coexistem perfeitamente bem com as lagartas das mariposas; parasitas que atacam as aranhas; pequenos miriápodes; formigas amarelas; e larvas de moscas. Naquela única folha, cerca de 90cm acima do chão, convive em luta um complexo ecossistema. Estas não são criaturas que se encontraram no lixo de folhas normal do chão da floresta, que está cheio de outras aranhas, formigas e centípedes, e é um lugar perigoso para se viver. Em vez disso, esses insetos criam suas gerações numa espécie de cobertura de floresta. É estranho pensar que aquele é um hábitat especializado do tamanho de uma folha de palmito.

— Ah! Ah! — grita Tom extasiado.

Vamos encontrá-lo alguns metros estrada acima, inspecionando animado uma enorme teia de aranha, tremendo no nível dos olhos entre duas árvores. Uma grande aranha peluda com seu corpo esquisito em forma de oito e oito patas de muitas articulações está sentada no canto superior direito da teia. Tom retira um esquisito frasco do bolso, puxa uma mariposa ornada de dentro dele e a joga na teia. Num segundo, a aranha desce correndo a seda e agarra a mariposa em suas patas.

— Lá se vai a mariposa — suspiro.

— Espere. — Tom levanta um dedo, cauteloso, enquanto a aranha começa a soltar a mariposa da teia, usando presas afiadas de cada lado da boca. — Vejam, ela decidiu que não a deseja. Estão vendo como ela recuou? Agora, a pergunta é: como ela irá tratá-la? Ela está cortando: vê o corte? Existem dois palpos, que são como duas mãos curtas perto da boca. Se nós tivéssemos palpos, poderíamos comer e tocar música ao mesmo tempo! Veja! Ela está tirando o fio com esses dois palpos e colocando-o na boca. A mariposa vai ser solta num segundo. Agora ela está começando a recuar para que a mariposa não danifique mais a teia.

A aranha corta perfeitamente uma janela na teia com suas presas afiadas. Brincando de morta, a mariposa finalmente se liberta e alça vôo. Então a aranha retorna à sua vigília no alto da teia.

— Nossa mãe! Por que ela fez isso? Eu pensava que as aranhas gostassem de mariposas.

— Só das comestíveis — explica Tom.

— Mesmo assim, por que cortá-la fora da teia?

— Porque a aranha não pode ver tudo ao mesmo tempo numa teia grande. Então ela fica no alto e aguarda. Quando alguma coisa vibra a teia, ela pode ler as vibrações para saber exatamente onde a coisa está. Mas, se sua teia estiver atulhada de destroços, ela obterá um sinal defeituoso.

Imaginei pilotos prejudicando radares na Segunda Guerra Mundial quando jogavam pacotes de papel-alumínio. — Por que a mariposa não tentou escapar?

— Porque ela não tinha com que se preocupar. Em vez de se debater na teia, ela deixa a aranha fazer o trabalho.

Na luz do sol, esta seda reluzente da teia dourada da aranha se destaca brilhantemente. Tocando um fio com a ponta do dedo, Tom a puxa cada vez mais para mostrar como ela pode esticar. Uma aranha tece diferentes tipos de seda para diferentes partes de uma teia; fios elásticos têm mais água. A seda ao centro da teia é tão elástica, que, quando um inseto cai e se debate, está essencialmente chutando contra tiras de borracha. Um inseto que lute nunca chega realmente a colocar tensão na teia; ele apenas fica mais enrolado nela.

— A elasticidade desses fios é incrivelmente misteriosa — disse Tom, admirado. — Não há um único material sintético humano que tenha este tipo de elasticidade. É melhor que borracha, e a sua firmeza é inigualável. — Ele puxa a seda.

— Por que a aranha não está correndo direto para o seu fórceps?

— Um movimento grande como este? Ela sabe exatamente que tipo de luta escolher. E tem todos os tipos de estratégia. Se eu tocar a teia com muita força, ela, que tem várias rotas de fuga, saberá exatamente para onde ir. Mas eu não quero que ela entre em pânico. É uma garota legal.

Perto dali, uma pequena orquídea branca pende de um galho. Para todo lado que nos voltemos existem curiosidades envolvendo insetos. Muitas espécies de orquídeas quase nunca produzem sementes e chegam a agir como se não quisessem ser fertilizadas; elas não produzem um néctar para seduzir um inseto. Em raras ocasiões, entretanto, um inseto inexperiente pode tropeçar numa delas por engano e espalhar pólen por aí. Então, a orquídea produz milhares de sementes e vai sobrevivendo assim, ao acaso. Para uma flor, é barato produzir néctar, e ainda assim centenas de espécies de orquídeas são secas e não têm apetite. É um mistério como elas sobrevivem numa relação que confia tanto numa casualidade. Mas de algum modo elas sobrevivem, graças ao vôo descuidado dos insetos.

As experiências devem ser repetidas e incluir ainda uma etapa de controle; por isso, Tom trouxe dois tipos de mariposa: uma naturalmente venenosa (ela fica assim porque suas lagartas se alimentam de uma variedade mortal de planta da ervilha) e uma inofensiva, criada com comida livre de veneno. Uma atrás da outra, as aranhas devoram as mariposas seguras e soltam as tóxicas. Quando nos damos por satisfeitos, voltamos à estação para obter uma segunda opinião sobre comedores igualmente seletivos: os gaios ameaçados do *scrub* da Flórida.

De volta ao acampamento, Tom ajusta o foco num enorme microscópio Wild cinza montado na sala do laboratório de seu chalé.

— Romance — diz ele. Embora a frase não tivesse nenhum início, ele conclui a que se desenrola em sua cabeça: — ... e traição.

O mundo dos insetos é cheio de sedução, traição e morte. Quando ele me passa uma mariposa, seguro-a debaixo do microscópio e olho seu lindo padrão. Subitamente dois espanadores de penas rosa-amareladas se desdobram de sua traseira.

— Fantástico! *Estas coisas* são o quê?

Tom dá uma olhada. — Escovas de cheiro — explica ele. — Os machos as usam na corte. Na verdade, são escamas modificadas, e cada uma é oca e com um furo.

— Como um canudinho?

— Muito parecido. O vapor sobe de cada um dos pêlos da escova. Um dia, vi um destes sujeitos voar para uma teia de aranha. Eu sabia que as mariposas normalmente conseguem se soltar, deixando algumas escamas para trás, mas essa mariposa simplesmente dobrou as asas e se fez de morta. A aranha chegou, tocou-a, cortou a teia para soltá-la, e ela caiu no chão. Nem me importei muito com isso. Então, um ano depois, vi exatamente o mesmo fenômeno e decidi que era melhor dar uma olhada na mariposa. Descobri que, como lagarta, a mariposa se alimenta de uma planta de ervilhas venenosas. Logo, tentei ver se conseguia criar a lagarta com uma dieta sintética, sem veneno, e funcionou. Nós sabíamos que a ervilha possuía um certo tipo de alcalóide muito tóxico para os humanos. De vez em quando, vacas mastigam essas plantas e morrem. É um veneno para o fígado, uma coisa realmente horrível. O chá de confrei, acho que nem se usa mais isso, tinha o mesmo veneno. Mas descobriu-se que as aranhas não gostavam deste alcalóide. Qualquer animal que possa se alimentar dessas plantas sem ser afetado se dá bem, porque pode construir um depósito de veneno em seu próprio corpo e usá-lo para sua defesa. E essa é a estratégia dessas mariposas.

— Então elas o consomem, e ele satura seus corpos. Por que não morrem?

— Ótima pergunta — retruca ele, animado, a voz deixando claro que, em seu vocabulário pessoal, "pergunta" significa o mesmo que "enigma".

"Acontece que, quando essas substâncias químicas são ingeridas, na verdade elas não são originalmente veneno: você come uma substância que seu fígado converte em veneno. E ele precisa de certas enzimas. Acho que a mariposa fechou esse tipo de sistema enzimático para que pudesse ingerir essas substâncias e não convertê-las, e assim usá-las da mesma forma que a planta as usa. Isso é mesmo muito inteligente.

"Então pegamos mariposas criadas com uma dieta sem veneno. Passamos todo o maldito inverno criando essas mariposas. Queríamos ver se elas seriam apetitosas para as aranhas. Nós as jogamos em teias de aranha, e uma atrás da outra foram comidas pelas aranhas. Senti como se tivesse 17 anos, em meu primeiro encontro, e houvesse acabado de ganhar o primeiro beijo. Foi estonteante.

"Decidi então dar uma olhada no processo de corte das mariposas. Nós sabíamos que os machos têm escovas de cheiro que sacam para a corte. E sabíamos que as fêmeas atraem os machos. A fêmea se senta sobre a planta, e os machos flutuam e voam muito lentamente em uma direção. Se você acompanhar a linha de vôo deles, poderá encontrar a mariposa fêmea que faz o chamado."

— Como essa mariposa-sereia chama? Com seu cheiro?

— Ela faz um afrodisíaco numa glândula especial em seu abdômen. Dei extratos dessas glândulas a Jerry Meinwald; no devido tempo, Jerry e seu pessoal surgiram com uma fórmula. Na verdade, existem três compostos ali dentro, todos simples moléculas de hidrocarbono em cadeia reta com pequenos elos, que atraem sexualmente. Nós às vezes pegamos essa substância e a colocamos em armadilhas para atrair os machos. Ela não é uma substância que atraia de longa distância e nem precisa ser. Alguns metros são o necessário, já que uma mariposa pode passar a vida inteira dentro ou perto de uma planta.

— Quando o macho estiver ao alcance da fêmea, voejando ao seu redor, essas escovas saem em uma fração de segundo: uma, duas, três, quatro vezes, enquanto voa ao redor dela — explica Tom, fazendo um círculo lento com uma da mãos fechadas, que ele abre lentamente para imitar as escovas se desdobrando. — Mas havia uma pergunta que particularmente me incomodava. Eu queria saber quem estava no controle dessa corte. Seria o macho? Em caso afirmativo, então era um caso de expediente metabólico. O macho possui uma substância química útil, um pouco da qual ele utiliza para sua defesa; o restante converte em uma substância química que funciona para seduzir a fêmea. Parece bom. Mas suponha em vez disso que essa fosse realmente uma escolha da fêmea.

— Quer dizer que ele estaria fazendo uma propaganda de quanto defensivo químico possui?

— Foi exatamente o que acabou acontecendo. E eu me lembro do momento em que isso me ocorreu. Eu estava alimentando lontras na Califórnia. Uma questão me incomodava. Será que havia alguma coisa sutil que a mariposa poderia realizar usando um derivado deste alcalóide? E me bateu a idéia de que não seria um caso de seduzir a fêmea. Apenas parecia sedução. Na verdade, o macho tinha de provar o seu valor à fêmea de algum modo. Era a fêmea quem escolhia.

— Então ela quer um guerreiro?

— Ela quer ter alguma prova de que ele valha o pão que come ou o equivalente disso para os insetos.

— Mas ele está provando que possui defensivos químicos suficientes para se proteger.

— Era o que eu pensava no começo, ou seja, que o macho estava flexionando seus músculos, dizendo: "Se você me levar como seu marido, seus filhos e filhas terão mais facilidade em obter uma grande quantidade de alcalóide da planta. Quanto mais eles conseguirem, mais bem protegidos estarão. E isso os tornará mais capazes de competir com outras larvas pelas sementes da planta de comida. E você não gostaria de ter um pretendente que pudesse lhe provar que é geneticamente adequado?" Bem, nós publicamos essa interpretação e ficamos muito orgulhosos de nós mesmos. Mas aí a história ficou ainda melhor. Descobrimos que o ovo desse animal também continha alcalóide. Então, supusemos que a fêmea na verdade punha ovos com alcalóide. Mas como ele chega lá? O macho deve transmitir um pouco dele à fêmea com o esperma.

Insetos machos freqüentemente ejaculam presentes com vitaminas dentro da fêmea, juntamente com seu esperma, para garantir que a prole tenha nutrientes com os quais crescer. Lembro-me de ser capaz de sentir esses pacotes parecidos com bolinhas nas barrigas de borboletas monarcas grávidas enquanto as marcava na Califórnia. Insetos produzem alguns dos maiores pacotes de esperma do mundo relativos à sua massa corporal. Existem besouros machos que doam até 10% de seu peso.

Afastando-se do microscópio, Tom fica comovido contando sua história, que mais parece um conto de Kipling. — Bem, acontece que as fêmeas dizem: "Olhe, estou colocando toda a gema nestes ovos. O que é que você vai fazer pela sua prole?" Então achamos que talvez o macho estivesse, na verdade, dizendo para a fêmea: "Não só venho de uma linhagem boa na competição pelas sementes da planta de comida, como também estou disposto a lhe dar um pagamento direto na forma de um presente com o qual você possa enriquecer suas próprias defesas ou colocar um pouco dele em seus ovos para protegê-los, ou as duas coisas." E acontece que era esse o caso. A quantidade de alcalóide transferida pelo macho para a fêmea é proporcional à quantidade de cheiro que ele produz em suas escovas de cheiro. Em outras palavras, ele está mesmo dizendo à fêmea exatamente quanto tem em sua conta bancária.

— Pode me chamar de cínica, mas por que não seria melhor para ele mentir?

— Sei lá. Naturalmente, não podemos dizer de forma categórica que alguns não mintam. Por exemplo, se um macho tem pouquíssimo alcalóide, será que ele poderia converter tudo isso para a mensagem do cheiro nas escovas e tapear a fêmea, fazendo-a pensar que ele tem uma alta conta bancária? Teoricamente, suponho. Mas eles realmente não parecem estar mentindo. E, se não parecem mentir, só pode ser porque não compensa. Devem ser descobertos de algum jeito. A próxima questão nesse drama da corte é como eles são descobertos. Seria possível que a fêmea pudesse ser capaz de checar depois do acasalamento se ele era um mentiroso e discriminasse seu esperma? Não sabemos.

— Parece que só os musculosos ganham nesse cenário.

— Nem sempre. Em um determinado ponto, soltamos machos no campo, iguais àqueles que você viu com a aranha hoje. Uns tinham alcalóide, outros, não: em outras palavras, uns com cheiro em suas escovas e outros sem. Marcamos as asas de todos com furinhos para poder reconhecê-los; nós os atraímos com fêmeas sedutoras, que, sabíamos, iriam começar a transmissão para eles em determinada hora da noite; convencemos as fêmeas a ficarem pousadas sobre um pequeno poleiro de fio, que tratamos quimicamente com um extrato da planta da ervilha para torná-la mais atrativa para elas pousarem; e então aguardamos. Machos com o alcalóide tinham uma chance cerca de 30% maior de ser aceitos. Esse é um grande limite. Se você tem uma chance 30% maior de ter filhos, isso é uma vantagem e tanto. Mas não é que os sem alcalóide sejam recusados. A fêmea pode obter esperma do macho, mas ela também tem que dar um grande passo e se perguntar: "É esse o último macho que provavelmente atrairei nos próximos cinco dias? O que é que eu faço?" Na pior das hipóteses, ela pode obter nutrientes de um pacote de esperma. Então ela se acasala com até 13 parceiros diferentes, consegue nutrientes com todos e também tenta se acasalar com todos que possam lhe dar tanta defesa de alcalóide quanto possível.

Fico me perguntando como será que ela carrega todo aquele peso. — Ela não fica terrivelmente pesada?

— Fica. Mas também está pondo ovos.

— Então ela é inseminada, põe ovos, é inseminada, põe ovos?

— Põe *alguns* ovos. Na verdade, sabemos que, se ela for inseminada por dois machos, não vai pôr metade dos ovos do primeiro macho nem metade do segundo. A verdade é que ela porá ovos apenas de um macho. Depois do acasalamento, ela ainda estará testando o macho de outras maneiras. Os ovos serão filhos do maior garanhão. E como é que ela sabe qual é o maior garanhão? Provavelmente pelo tamanho do pacote de esperma. É intrigante. E o interessante é que o tamanho do macho é proporcional à quantidade de alcalóide que ele carrega. A propaganda é verdadeira. Então antes de se acasalarem a fêmea pergunta a ele: "Ei, quanto alcalóide você tem?" E, depois de se acasalarem, ela ainda checa o tamanho do pacote de esperma dele.

— Só contando as notas, para se ter certeza de que todas as de cinco e de dez estão lá?

— Exatamente.

Há mais de cem anos, Darwin estava especulando sobre coisas intrigantes como esta, que envolvem a escolha das fêmeas e a seleção sexual. Ele se perguntava, já que a fêmea realmente coloca tanto investimento na prole, se não poderia ser ela quem escolhe o parceiro.

— A estratégia do macho, quase sempre, é inseminar tantas fêmeas quanto possível, sem prestar muita atenção nelas. Mas há algumas exceções. Por exemplo: certa vez trabalhei num besouro que ejeta o equivalente à metade do peso dos ovos que a fêmea irá produzir. Então é de fato uma grande contribuição. E certamente a fêmea tem um jeito de tirar alguma coisa do macho — um presente — e depois não deixar que ele a insemine. Essa fêmea não consegue se acasalar mais de uma vez a cada tantos dias, mas tenta ganhar presentes do macho assim mesmo. Um macho não irá querer lhe dar presentes se ela estiver carregando a prole de outro macho. Então, ele vai até a traseira da fêmea, o que ela tenta impedir, e a cheira para ver se ela é virgem, algo que ele leva em grande consideração.

— Que corte complexa.

— As pessoas acham que as características humanas são complicadas demais para um inseto. Bobagem! Você pode colocar uma quantidade enorme de biologia dentro de algo do tamanho de um inseto. O único motivo pelo qual sabemos tão pouco a respeito deles é o fato de serem pequenos demais.

— Como as pessoas reagiriam a insetos se eles fossem maiores... digamos, do tamanho de cães e gatos?

— Tudo depende de as pessoas crescerem com idéias negativas a respeito dos insetos. Se o mundo estivesse cheio de enormes gafanhotos, saltando por aí à velocidade que eles realmente saltam, carregando o momento que eles carregam, seriam muito perigosos. Armaduras ainda estariam na moda. As mães iriam dizer: "Não esqueça sua armadura, meu amor: os gafanhotos estão lá fora!"

A saga da mariposa adornada é uma das favoritas de Tom. Ele estuda seus hábitos há 20 anos e está sempre descobrindo alguma coisa. Embora ele esteja na verdade trabalhando em uma série de histórias de insetos — às vezes simplesmente estando alerta a eles —, um tema que perpassa a todos é o da escolha das fêmeas.

— É possível estudar sociedades de insetos e não extrapolar para os humanos? — pergunto.

— Sou um sociobiólogo empedernido — responde, gargalhando. — Não me surpreende que tanto do que o bicho-homem faz possa ser descrito em termos animais.

— Como dar grandes alianças de noivado?

— Claro. Toda nossa história de cortejo pode ser contada romanticamente, claro, mas com uma roupagem de tradições culturais, como queira; no entanto, a biologia fundamental é que os indivíduos estão tentando perpetuar seus genes na próxima geração. A fêmea é fundamentalmente quem escolhe, o que faz muito sentido se você vai sentar sobre um ovo por nove meses. O macho não quer desperdiçar sua semente, como dizem na Bíblia.

— Então ela o testa de várias maneiras.

— Certamente. E isso fica consolidado na cultura; é essa toda a idéia do atleta, do vencedor, dos concursos, do guerreiro. Não posso explicar tudo, mas tenho absoluta fé em que o pensamento biológico está na raiz de tudo o que fazemos como seres humanos.

— Às vezes, as pessoas pensam em insetos como robôs de sangue frio. Comparar qualquer uma de nossas ações com as deles se torna então duplamente assustador.

— O conceito de livre-arbítrio é fundamental. Nós o temos ou não? Não me preocupo muito com isso, porque sou fascinadíssimo por entrar no mundo de outras espécies e tentar descobrir o que elas fazem. Como alguém que não é religioso, que não crê no livre-arbítrio da maneira tradicional, que acredita na evolução e que somos partes do processo evolucionista, ainda considero que somos únicos no sentido de podermos nos sentar aqui e falar sobre este assunto e entendê-lo. Mas obviamente não somos únicos em termos do que fazemos com nossos músculos; não somos únicos no que fazemos com nossos gametas quando estamos copulando; não somos únicos quando fazemos parte de uma estratégia de corte que envolve a escolha por parte da fêmea. Assim, somos apenas animais de um tipo diferente, com quatro patas a menos do que os insetos.

Uma batida na porta nos interrompe, e vemos uma mulher alta com cabelos castanhos, vestida com um suéter e calças, ao lado de um homem com quase a mesma altura e cabelos presos num rabo-de-cavalo. Tom nos apresenta, e fico encantada ao descobrir que eles são os fotógrafos Susan Middleton e David Liittschwager, especialistas em fotos da Natureza, ocupados em localizar e fotografar uma série de animais e plantas ameaçados de extinção. Numa viagem de três anos ao redor dos Estados Unidos, estão catalogando visualmente nossas formas de vida em vias de desaparecimento. Tom deseja estudar o gafanhoto que encontramos esta manhã, mas também está animado com o fato de que Susan e David irão registrá-lo para a posteridade.

— Vamos tirar algumas fotos de gaios — explica Susan. — Encontramos um grande ponto ontem. Quer dirigir conosco?

— Claro! — responde logo Tom. — Deixem-me pegar algumas mariposas. Ah, a propósito — acrescenta animado —, conseguimos o gafanhoto para vocês.

Susan e David se alegram, e começamos a planejar a noite de trabalho deles enquanto ajudo Tom a pegar mariposas adornadas de uma gaiola e enfiá-las, uma profusão de seda e de bater de asas, em frascos separados. Então subimos no Land Rover e partimos para os fundos da estação. David dirige com um sorriso ligeiramente entusiasmado; quando a estrada se torna um rio de areia funda e lamacenta, o quatro-por-quatro desliza durante 15 minutos.

Por fim, estacionamos num labirinto de carvalhos anões e areia branca límpida. Como as árvores mal chegam ao nível dos olhos, é como vagar por um cenário shakespeariano: você ouve vozes, mas não consegue ver quem fala, e eles, por sua vez, não sabem que você está ali. Ao redor, o *scrub* da Flórida é perfeito como num quadro, ainda que seu nome sugira uma terra inútil e inaproveitável. O *scrub* é uma área com areia funda e estéril. Fogo e solo forjam uma relação elementar que sobreviveu por eras. Um de seus atrativos reside no fato de, numa paisagem tão simples, as preocupações dos organismos serem fáceis de vislumbrar. Embora a areia esteja em seu coração, ela é como outros hábitats simples em outros lugares. A cidade de Nova York, por exemplo, tem muitas plantas e insetos selvagens captados entre duas pedras fundamentais: o concreto e a incessante atividade humana. Esses insetos são interessantes porque tiveram de lidar com fatores ambientais avassaladores. A vida no *scrub* é semelhante, castigada pela tremenda esterilidade da área, pela falta de água no inverno e pelos fogos que a varrem vezes sem conta, século após século. Muitas das espécies de insetos vieram originalmente de áreas de savana ao redor do Golfo do México, no fim do Plioceno, juntamente com todas as espécies de antílopes, roedores gigantes, tartarugas e preguiças do chão. Muitos desses animais morreram em outros lugares, mas nas elevações do *scrub*, onde a areia, funda e estéril, seca rápido, as criaturas ocidentais sobreviveram. Então o *scrub* tornou-se um lar para organismos que são muito velhos e estranhos. Agora, eles permanecem somente nos topos de algumas elevações. O *scrub* propriamente dito está ameaçado. Tudo o que restou é a cordilheira costeira atlântica, que é muito mais nova do que essa cordilheira interna; a cordilheira de Lake Wales; as altas terras Marianas; uma faixa muito fina de *scrub* na área interestadual; e pequenos morros de *scrub* em pequenas zonas no Oeste da Flórida. Uma pequena faixa interestadual abre seu caminho para a Geórgia e o Alabama, mas a *scrubland* fica quase totalmente na Flórida. E lá existem muitas criaturas únicas do *scrub* da Flórida.

Nosso residente ameaçado é o gaio do *scrub*, em apuros porque exige grandes áreas de terra para se acasalar: cada família de gaios precisa de cerca de oito hectares. Eles não podem se acasalar dentro da família — como os insetos podem —, razão pela qual deve haver muitas outras famílias pelas redondezas. Muito embora sejam pássaros de vida longa, bem ajustados ao *scrub*, eles se tornaram uma população muito pequena. Milhares de outras espécies se aproveitam do fato de uma possível extinção dos gaios ter um forte apelo midiático. Assim como os micos-leões-dourados são os bonitinhos cartazes da floresta tropical da Mata Atlântica no Brasil, os gaios simbolizam a péssima situação em que se encontra o hábitat do *scrub*. As pessoas acham mais fácil se identificar com os gaios do que com os insetos, as cobras ou as árvores. Gaios azuis cristados do Norte são duros, pássaros errantes de temperamento difícil; são os valentões de esquina. Mas os gaios do *scrub* são menores, mais gentis, mais parecidos com o pássaro azul dos filmes e das canções. O objetivo não escrito de qualquer campanha "Salvem os Gaios" é preservar o hábitat dos gaios e de todos seus vizinhos menos fotogênicos.

Um bando de gaios azuis gira baixo sobre o labirinto de carvalhos anões onde nos encontramos. Parecem pedaços caídos do céu. Por muitos anos, pesquisadores de Archbold têm se reunido e estudado essas famílias de gaios. Por isso, os pássaros não têm medo de nós. Vestido com as cores da Guerra de Secessão, o gaio do *scrub* tem um capacete azul, penas da asa e da cauda azuis, mas o peito, a pelagem do queixo e as sobrancelhas são cinzentos. Bolotas de carvalho e insetos são sua comida favorita. Tom puxa um frasco de um de seus muitos bolsos, remove uma mariposa e a segura no ar. Um gaio passa planando e pousa em seu braço levantado, pula até seu pulso, aperta as patas, que se assemelham a garras, e volta um olho para a mariposa, talvez a farejando. Então vai embora voando. Tentamos a experiência novamente. Puxando uma mariposa do frasco com cuidado, seguro-a no alto. Três gaios brigam ao se aproximar. Um deles pousa na base de meu polegar, enrolando uma garra firme ao seu redor. Quando se inclina para inspecionar a mariposa, sua barriga macia roça minha epiderme. As penas são tão delicadas, que acionam células nervosas em apenas um pequeno pedaço de pele, e, ainda assim, todo o meu corpo responde à raridade desse toque. O corpo dele também. O gaio inclina a cabeça para o lado e me encara com seu olhar enigmático. Então, fica olhando a mariposa com a mesma intensidade com que olho para ele. Decidindo que a mariposa não é comestível, o gaio vai embora. Tom sorri. Existe definitivamente uma droga poderosa nessa mariposa. As aranhas não a comem, tampouco os pássaros. Um saco de mariposas ornadas se tornará parte do baú de biotesouros que ele envia à Merck para análise.

O sol começa logo a queimar a areia com ferocidade, e então voltamos ao acampamento para, após um descanso, almoçar. Enquanto os outros vão para seus chalés, escalo a escada em espiral da torre de água. O barulho do vento torna-se mais alto à medida que subo e me afasto de todos os detalhes mesquinhos do mundo humano, subindo 146 degraus banhados em prata. No alto, encontro uma plataforma que balança suavemente, bandeirolas de plástico vermelho esvoaçando de uma torre e uma vespa cujo feudo invadi. Lá embaixo fica o prédio principal, com seu reboco cor de camurça, telhado de ardósia vermelha e seis extensões do telhado voltadas para o sul como cristas de ondas. O sol do meio-dia recorta velas triangulares debaixo dos beirais, e o prédio comprido parece flutuar no vasto oceano de *scrub*.

É bem provável que Tom esteja em seu chalé, trabalhando em uma palestra. Em algumas semanas, comparecerá perante o Senado dos Estados Unidos, a fim de solicitar a reautorização do Endangered Species Act. Ele passou a vida sondando mundos que mal podem ser vistos, mas de explorador a conselheiro e de dedicado apaixonado a defensor público vai uma grande distância. Planeja recitar uma longa lista de remédios derivados de plantas e animais, sem esquecer de ressaltar que a maioria das espécies nunca foi investigada. Embora nossa cultura fique envergonhada por bens que "se desgastaram", na química não existem "bens" que fiquem obsoletos. Pedirá então cautela aos senadores para o fato de que, mesmo que um inseto tenha sido cuidadosamente estudado por suas supostas qualidades químicas e na prática não se descubra nenhuma, isso não quer dizer que ele não possa ser de interesse e que sua extinção possa ser permitida, uma vez que pode conter uma riqueza de elementos químicos a serem descobertos por técnicas futuras. Ressaltará também que de nada adianta criar insetos em cativeiro com tal propósito, porque eles evoluíram para produzir substâncias químicas justamente em resposta a condições que só encontraram nos ambientes naturais. Portanto, um hábitat ameaçado, como o *scrub* da Flórida, deve ser salvo, ainda que exclusivamente por causa dos insetos únicos que abriga. Tom contará histórias de vaga-lumes, mariposas adornadas e besouros bombardeiros — suas histórias favoritas que envolvem insetos familiares e não ameaçadores. Como a prospecção química é lucrativa, os senadores esperam poder proporcionar lucros sem deixarem de parecer virtuosos. Alguns votarão a favor por razões altruístas, outros por diversos motivos, mas tudo parecerá o mais puro altruísmo, e para Tom é o que importa. Em política, assim como na sociedade dos insetos, a virtude nunca é sua própria recompensa.

Dois humanos passeiam languidamente na direção do salão de jantar. Acho que são macho e fêmea, mas não consigo ver seus rostos o suficiente para saber se estão barbeados ou se usam maquiagem, qual o corte de seus cabelos ou o que levam nos bolsos. Astronautas voltando de órbita já se espantaram com a ínfima fração da vida humana que pode ser vista do espaço: nem guerras, nem fronteiras políticas, nem cidades, nem fazendas, nem as sutilezas dos costumes, da adolescência ou do amor. Andando ainda mais longe, o casal parece diminuir ao cruzar a varanda juntos. Subitamente, o macho levanta o queixo e sorri; seus dentes faíscam à luz do sol. A fêmea cruza as mãos no alto do peito, curva-se ligeiramente na cintura e franze o rosto; seus dentes também faíscam. Suponho que ele tenha dito alguma coisa engraçada, à qual ela respondeu com algo também engraçado, e isso os levou a essa sinfonia de risos curvados. Será um "rolo"? Serão colegas de trabalho? A essa altura, não consigo sequer começar a compreender seu complexo relacionamento — da mesma forma que os humanos, ao verem insetos abaixo deles, possam saber como aquelas vidas são complicadas. Tanta coisa escapa por entre as malhas de nossos sentidos. Envoltos numa conversa mais antiga do que as palavras, os dois humanos entram no edifício para jantar, devido à fome, como qualquer gaivota ou besouro.

Lake Placid está distante, como uma poça de mercúrio. O *scrub* parece rígido, exaurido e desabitado: o equivalente ambiental de um estacionamento vazio. E, ainda assim, eu sei que milhões de animais lá embaixo estão realizando suas tarefas cotidianas, apanhados em atos de assassínios, casamentos, banquetes, nascimentos. Incontáveis dramas de vida ou morte estão se desenrolando lá. Mas a maioria se perde a olho nu. Existem bandos de caçadores; escultores de folha e casca; alguns dos primeiros fabricantes de papel na face da Terra; empreendedores e rancheiros com seus próprios currais; coletores de frutos e pétalas; arquitetos trabalhando na argila, fazendo berçários para os mais novos, construindo catacumbas, meias-águas e torres; costureiros de seda e algodão; construtores de cidades; várias diferentes tribos e sociedades. Todas elas podem tombar nos estertores de uma tempestade ou quando gigantes caminham entre elas. Olhando para além do *scrub* e abençoando silenciosamente seu mundo invisível, certifico-me mais ainda da convicção com que Walt Whitman escreveu: "Os sóis brilhantes que vejo e os sóis escuros que não posso ver estão certinhos em seus lugares."